ENTWURF EINES DYNAMISCHEN SYSTEMS ZUR SENSORFUSION

Carsten Winkel
geboren in Gelsenkirchen

Dissertation

zur Erlangung des Grades
Doktor-Ingenieur
an der Fakultät für
Elektrotechnik und Informationstechnik
der Ruhr-Universität Bochum

angefertigt am
Institut für Neuroinformatik
Bochum, im Dezember 2000

Referenten:

Prof. Dr.-Ing. Werner von Seelen	Prof. Dr. techn. Gerhard Schiffner
Institut für Neuroinformatik	Fakulät für Elektrotechnik
Lehrstuhl für Theoretische Biologie	Lehrstuhl für Allgemeine Elektrotechnik und Elektrooptik

Tag der mündlichen Prüfung: 11. Mai 2000

Carsten Winkel

ENTWURF EINES DYNAMISCHEN SYSTEMS ZUR SENSORFUNKTION

ibidem-Verlag
Stuttgart

Die Deutsche Bibliothek - CIP-Einheitsaufnahme:

Ein Titeldatensatz für diese Publikation ist bei
Der Deutschen Bibliothek erhältlich

∞

Gedruckt auf alterungsbeständigem, säurefreien Papier
Printed on acid-free paper

ISBN: 3-89821-154-1

Printed in Germany

Vorwort des Herausgebers

Interdisziplinarität in der Wissenschaft ist zwar in aller Munde, aber mit vielen Schwierigkeiten belastet. Eines dieser Probleme betrifft die Publikationen, deren Erscheinungsort wesentlich durch das Studienfach der Autoren bestimmt wird. Dies gilt im besonderen Maße für Dissertationen.

Das Institut für Neuroinformatik der Ruhr-Universität Bochum will zur Verbesserung dieser Situation beitragen und faßt die Dissertationen eines Fachgebietes in dieser Reihe zusammen. Dankenswerterweise hat sich der ***ibidem***-Verlag bereitgefunden, diese Aufgabe publizistisch zu betreuen.

Das Fachgebiet betrifft die "Konzepte neuronaler Informationsverarbeitung". Dieser Bereich befindet sich in einer dynamischen Entwicklung und ist auf die Kooperation von Ingenieuren, Physikern, Mathematikern, Informatikern und Biologen angewiesen. Gemeinsames Ziel ist der Entwurf von Kontrollsystemen, die für diese Aufgabe Prinzipien biologischer Informationsverarbeitung für technische Aufgaben zu 'übersetzen' versuchen. Der biologische Bezug ist durch Hirnforschung und Evolution gegeben. Der Grundgedanke, der dieses Gebiet treibt, ist eine einfache Feststellung: Beim Entwurf von Systemen führt deren steigende Komplexität, ihre Nichtlinearität, die erforderliche Flexibilität und der Zwang, in natürlichen Umwelten zu operieren, zu massiven Schwierigkeiten.

Andererseits sind neuronale Systeme der existierende Beweis der Lösbarkeit dieser Probleme. Es ist somit naheliegend, Prinzipien zu übertragen, die zum Beispiel schrittweise die häufig kaum lösbare explizite Kodierung durch Methoden der 'Selbstorganisation' und des Lernens ersetzen. Neuronale Netze waren ein erster erfolgreicher Schritt. Es ist zu erwarten, daß weiterreichende Entwicklungen, die eine biologische Basis haben, möglich sind.

Diesem Sachgebiet für Dissertationen ein Forum zu schaffen, ist das Ziel dieser Reihe.

Bochum, im Oktober 2000

Prof. Dr. Werner von Seelen
Institut für Neuroinformatik
Lehrstuhl für Theoretische Biologie

Meinen Eltern gewidmet

Danksagung

Die vorliegende Arbeit entstand während meiner Tätigkeit am Institut für Neuroinformatik der Ruhr-Universität Bochum. In dieser Zeit habe ich viele nette Menschen kennengelernt, die mich auf verschiedene Weise unterstützt haben. Ihnen allen danke ich an dieser Stelle von Herzen.

Herr Prof. Dr.-Ing. Werner von Seelen gab mir die Möglichkeit, die Arbeit an seinem Institut durchzuführen und unterstütze mich in vielerlei Hinsicht. Ihm gebührt auch ein großer Anteil bei der Beantragung meines Stipendiums. In diesem Zusammenhang bedanke ich mich bei der Deutschen Bundesstiftung Umwelt (DBU) für die gewährte Unterstützung.

Herr Prof. Dr. techn. Gerhard Schiffner hat trotz vielfältiger anderweitiger Verpflichtungen freundlicherweise das Koreferat dieser Arbeit übernommen.

Großer Dank gilt dem „Postdoc" und Kollegen Axel Steinhage, der meine Arbeit im Wesentlichen betreute und somit auch alles las, was ich anfangs noch in „Prosa" schrieb. Ohne ihn hätte ich das Thema in dieser Form nicht bearbeiten können.

Weiterhin danke ich meinem Diplomanden Kay Gorontzi, ohne dessen Ergebnisse diese Arbeit nicht fortgeführt worden wäre.

Meine Kolleginnen und Kollegen, besonders aus der Arbeitsgruppe *Computer Vision* bzw. *Mustererkennung und Szenenanalyse*, waren nicht nur kompetente fachliche Diskussionspartner, sondern haben durch ihre kritischen Anmerkungen und Korrekturvorschläge wesentlich zum Gelingen dieser Arbeit beigetragen. Darüber hinaus wird mir die Zeit am Institut wegen des freundlichen Arbeitsklimas unvergesslich bleiben.

Besonderer Dank gilt meinen Eltern, die mich bei allem meinem Wirken unterstützt haben. Zusammen mit meinen Freunden waren sie mir immer ein großer Rückhalt.

Alle diejenigen, die hier keine namentliche Erwähnung finden, bleiben mir trotzdem mit ihren Worten und Taten in Erinnerung, wenn ich an die schöne Zeit am Institut zurückblicken werde.

Bochum, im Juli 2000

Carsten Winkel

Inhaltsverzeichnis

Mathematische Symbole und Schriftkonventionen

Diese Arbeit ist nach den Grundsätzen der neuen deutsche Rechtschreibung geschrieben[1]. Da jedoch viele neue Schreibweisen umstritten sind, wurden die Konventionen der Printmedien übernommen, die in einem „Manual für Redaktionen" der Journalistenschule Ruhr[2] zusammengefasst sind. Um die Lesbarkeit dieses Dokumentes zu erleichtern, wurden zusätzlich folgende Konventionen bezüglich des Schriftsatzes getroffen:

- Kursiv werden bekannte Verfahren oder Namen geschrieben, die in der Literatur schon definiert und verwendet wurden, wie z. B. *Neuronale Felder*.
- Zitate geben immer den Autor und das Publikationsjahr an. Werden mehr als drei Autoren einer Veröffentlichung zitiert, dann wird das Zitat durch "*Erster Autor* et al." abgekürzt. Falls nur das Jahr in Klammern angegeben ist, dann ist der dazugehörige Name aus dem Kontext ersichtlich.
- Dezimalzahlen werden hier, wie sonst im Englischen üblich, mit einem Punkt getrennt, um eine Verwechselung mit einer Variablentrennung, die durch Kommas erfolgt, zu vermeiden (Beispiel: 36.5 GHz). Dafür werden große Zahlen dann mit Komma getrennt, um die Zahlen leichter lesen zu können (Beispiel: 543,800).

Die verwendeten mathematischen Variablen sind, nach Kapiteln geordnet, auf den Seiten IV bis VI aufgelistet. Eine Übersicht über verwendete Abkürzungen findet sich auf Seite VI. Eine Auflistung der in dieser Arbeit verwendeten Begriffe mit jeweils kurzen Erläuterungen sind zum besseren Verständnis ab Seite VII zu finden.

[1] DUDEN – Die deutsche Rechtschreibung, Bd. 1, 21. Auflage, Bibliographisches Institut Mannheim, 1996, ISBN 3-411-04011-4

[2] Bünting, K.-D. und Pospiech, U., *Neue deutsche Rechtschreibung – Manual für Redaktionen*, 4. Auflage, Journalistenschule Ruhr, Essen, 1999, ISBN 3-00-004480-9

Mathematische Variablen

Im Folgenden werden die in dieser Arbeit verwendeten mathematischen Variablen aufgelistet. Die Liste ist nach Themengebieten der Kapitel 2 bis 5 unterteilt, damit die Variablen leichter zugeordnet werden können.

Fernerkundung (Kapitel 2.5)

T	physikalische Temperatur [K] eines Objektes
B_ν	spektrale Strahlungsdichte $[\frac{\mathrm{W}}{m^2 \mathrm{Hz\,sr}}]$ nach dem Planck'schen Strahlungsgesetz (engl. brightness)
λ	Wellenlänge [m]
ν	Frequenz [Hz]
T_B	Strahlungstemperatur [K] (engl. brightness temperature)
P	empfangene Strahlungsleistung [W] einer Antenne
$\Delta\nu$	Bandbreite des Empfängers [Hz]
e	Emissionskoeffizient
a	Absorptionskoeffizient
r	Reflexionskoeffizient
t	Transmissionskoeffizient
$\Delta\theta$	Halbwertsbreite einer Antenne, auch als 3 dB-Breite bezeichnet
D	Aperturdurchmesser einer Antenne [m]
ΔT	radiometrisches Auflösungsvermögen
T_{sys}	Systemrauschtemperatur [K]
τ	Integrationszeit der Aufnahme [s]
T_R	äquivalente Rauschtemperatur des Empfängers [K]
T_A	Antennentemperatur [K]
$P(\theta,\phi)$	Richtdiagramm einer Antenne mit Raumrichtungen θ und ϕ
Ω_A	Füllfaktor oder normierte Summe des Richtdiagramms eines Raumwinkelelementes $d\Omega = \sin\theta\, d\theta\, d\phi$

Dynamische Systeme (Kapitel 3)

$\mathbf{x}$	Vektor der Zustandsgröße des dynamischen Systems
$\dot{\mathbf{x}} = \frac{\mathrm{d}\mathbf{x}}{\mathrm{d}t}$	zeitliche Änderung des Zustandsvektors $\mathbf{x}$
$\mathbf{F}(\mathbf{x}(t),\mathbf{p}(\mathbf{t}),t)$	Vektorfeld, zeitabhängige Funktion der dynamischen Zustandsvariablen
$\mathbf{p}(t)$	Parametersatz
t	Zeit
$\mathbf{x}^0$	Gleichgewichtspunkt oder Fixpunkt; Orte des Phasenraumes, wo $\mathbf{F}(\mathbf{x}^0,\mathbf{p}) = 0$ wird
$P(t)$	Population zur Zeit t, Beispiel eines dynamischen Systems aus Kapitel 3.1.1 auf Seite 38
L	Grenzwert der Population

m	Zustandsvariable der DGL
$\dot{m}$	zeitliche Ableitung der Zustandsvariablen, entspricht deren Änderung
τ	Zeitkonstante der Dynamik
$F(m,\mathbf{p},t)$	Funktion der Zustandsvariablen, bestimmt das Verhalten der DGL
$\lambda = \tau^{-1}$	Kehrwert der Relaxationszeit, Stärke der Attraktoren
m_A, m_R	Positionen eines Attraktors bzw. Repellors im Phasenraumbild
τ_{rel}	Relaxationszeit
$\phi(t)$	Fahrtrichtung eines Roboters über der Zeit
λ_i	Attraktorstärken des i-ten Attraktors
σ_i	Einflussbereich des i-ten Attraktors
N	Anzahl der Fixpunkte

Einsatz dynamischer Systeme zur Sensorfusion (Kapitel 4)

m	dynamische Zustandsvariable
$\mathbf{p}$	Parametersatz
t	Zeit
$F^{(k)}$	Funktionsbeiträge der DGL, z. B. $F^{(S)}$ von Sensoren, $F^{(N)}$ der Nachbarschaft eines beobachteten Messpunktes und $F^{(A)}$ von zusätzlichem a-priori Wissen oder Expertenwissen
τ	Zeitkonstante der Dynamik, auch als Zeitskala bezeichnet
$f_n(m,\mathbf{p})$	eine Attraktorfunktion in Abhängigkeit eines Parametersatzes $\mathbf{p}$
s_n	Messwert des Sensors n
λ_n	Attraktorstärke zu s_n
σ_n	Einflussbereich des Attraktors zu s_n
F_{sum}	Summe aller Informationsbeiträge von Sensordaten, Nachbarn und Experten
$\bar{m}_0$	Mittelwert aller N Sensoreingänge s_n, als Anfangswerte zur numerischen Lösung der DGL genutzt (Seite 68)
S_t	Messwert zum Zeitpunkt t, der aus der rekursiven Filterung eines weißen Rauschens Z_t gewonnen wird
Z_t	weißer Rauschprozess mit $Z_t \sim N[0,1]$
$s(t)$	Temperaturzeitreihe, durch einen Rauschprozess erzeugt
$d(\vec{r}_i)$	Öldicke d als Zustandsvariable am Ortsvektor $\vec{r}_i$
$\vec{r}_i = (x,y)_i$	räumlicher Positionsvektor einer zweidimensionalen Sensormessung
$D_{n,m}$	Dickenwert des Sensors n mit m Mehrdeutigkeiten bei einer Gesamtzahl von N Messungen, die jeweils M Mehrdeutigkeiten ergeben
$\lambda_{n,m}$	Stärken der Attraktoren pro Mehrdeutigkeit m und Sensor n
S_n	Zustandsvariable der Dynamik für die korrigierte Sensormessung
$\lambda_{n,r}$	Stärke des Rekalibrierattraktors
ρ_n	Zustandsvariable für die Erzeugung einer Hysterese zum Umschalten zwischen zwei Dynamiken

σ_r	Rekalibrierbereich, der als Abstand zwischen Sensorwert und momentanem Zustand der Dynamik erreicht oder überschritten werden muss, um eine Sensormessung zu rekalibrieren
σ_S	konstanter Einflussbereich für alle Sensorattraktoren s_n
r_N	Einflussbereich der betrachteten Nachbarschaft
σ_N	Einflussbereich der Nachbarschaftsattraktoren
$g(\|\vec{r}_j - \vec{r}_i\|)$	Gewichtsfunktion des Abstandes eines Punktes $\vec{r}_j$ vom momentanen Messpunkt $\vec{r}_i$ für einen Nachbarschaftsbereich r_N
γ_S, γ_N	Gewichtsfaktoren für den Sensor– und den Nachbarschaftsbeitrag einer Dynamik
$u(\vec{z},t)$	Felderregung: mittlere Aktivität von Neuronen am Ort $\vec{z}$ zur Zeit t
$s(d,t)$	externer Eingangsstimulus für eine Dicke d zur Zeit t

Systemverifikation und Ergebnisse (Kapitel 5)

m	dynamische Zustandsvariable, Schätzwerte der gesuchten Größe
λ_n	Stärke des Attraktors n, wenn const. dann λ_S
σ_n	Einflussbereich des Attraktors n, wenn const. dann σ_S
τ	Zeitkonstante der Dynamik
m_{in}	simulierte Eingangsverteilung
m_{out}	Ergebnis nach einer Fusion oder Mittelung der simulierten Sensordaten, je nach Indizierung
ε_V	integrales Fehlermaß des Volumens
V_{in}	Volumen der simulierten Originalverteilung
$\tilde{V}_{out}$	Volumen einer simulierten Sensormessung oder ein Volumen nach der Fusion der Sensordaten, je nach Indizierung
V	Volumen der Ölverteilungen
r_A	berücksichtigter Radius der Antennencharakteristiken am Boden (Footprint)

Verwendete Abkürzungen

bmbf	Bundesministerium für Bildung und Forschung
BMV	Bundesministerium für Verkehr, Bau und Wohnungswesen
DGL	Differentialgleichung
DLR	Deutsches Zentrum für Luft– und Raumfahrt
GPS	Global Positioning System (engl., satellitenbasiertes Ortungssystem zur Navigation)
IEEE	The Institute of Electrical and Electronics Engineers
LFS	Laserfluorosensor
MWR	Mikrowellenradiometer
MSE	Mean Squared Error (engl., mittlerer quadratischer Fehler)
PCA	Principal Component Analysis (engl., Hauptkomponentenanalyse)
SPIE	Society of Photo-Optical Instrumentation Engineers

Erläuterungen einiger Begriffe

Information	wird nicht im Sinne von Shannon als Maß für die Unordnung eines Systems verwendet, sondern beschreibt die innerhalb eines Kontextes aufgenommenen Daten, wie Messwerte, Mitteilungen oder Nachrichten, die interpretiert werden und daher eine Bedeutung besitzten. Es handelt sich bei der Information, wie sie hier verwendet wird, folglich um abgeleitetes Wissen über eine physikalische Eigenschaft eines Objektes aus verschiedenen Quellen, zum Beispiel aus Sensordaten, von Modellen oder aus in externen Datenbanken gespeichertem Expertenwissen.
Expertenwissen	wird als Ansammlung von Erfahrungen über bestimmte Zusammenhänge einer zu schätzenden Objekteigenschaft verstanden. Darin bedeutet das Wort *Wissen* die begründbare und begründete Erkenntnis über eine interessierende Größe. Expertenwissen kann im Fusionsprozess berücksichtigt werden, indem es zur Festlegung der Parameter oder der Startwerte des Fussionssystems benutzt wird.
Genauigkeit	wird als maximal zu erwartender Fehler verstanden. In der allgemeinen Messtechnik ist sie quantitativ durch die Fehlergrenze und die Messunsicherheit bestimmt.
Sensorgüte	Dieser Begriff wird meistens bei Herstellungsprozessen verwendet, um Fertigungstoleranzen zu beschreiben. Hier wird er als Integration der Genauigkeit über der Zeit verstanden.
Zustandsvariablen	beschreiben voneinander unabhängige Größen innerhalb eines Systems von Differentialgleichungen, die keine Eingangsgrößen darstellen und zu jeder Zeit bestimmte Werte besitzen.
Nichtlineare Dynamik	ist im mathematischen Sinne zu verstehen und bezeichnet eine Differentialgleichung, die nicht dem Linearitätsprinzip gehorcht. Physikalische Systeme lassen sich oft durch diese Art der Differentialgleichungen näherungsweise beschreiben.
Dynamischer Ansatz	Diese Bezeichnung stammt von Schöner und Kelso [1988] und wurde später durch Schöner, Dose und Engels [1995] und Steinhage [1998] besonders im Bereich der Verhaltenssteuerung von Roboter etabliert. Deren Grundlagen werden in Kapitel 3.2 behandelt.

Attraktoren	bezeichnen stabile Zustände dynamischer Systeme. In dieser Arbeit wir nur deren einfachste Form, der Fixpunktattraktor verwendet. Die Definition wird in Kapitel 3.2.2 gegeben.
Attraktordynamik	beschreibt ein dynamisches System, welches sich aus Attraktoren zusammensetzt.
Zustandsvariable/-größe	beschreiben Größen innerhalb eines Systems von Differentialgleichungen, die keine Eingangsgrößen darstellen und zu jeder Zeit bestimmte Werte besitzen. Sie bezeichnen ein „inneres" Signal eines Systems nach Unbehauen [1990] und sind gleichbedeutend mit dem Schätzwert der gesuchten Größe.
Fusionsdynamik	bezeichnet das entwickelte dynamische System zur Fusion verschiedener Informationsbeiträge.
Rekalibrierdynamik	bezeichnet das entwickelte dynamische System zur automatischen Rekalibrierung der Zustandsgrößen, die sich aus den Sensordaten ergeben.
Topologie	beschreibt den räumlichen, oft auch zeitlichen Zusammenhang der Messwerte.
Nachbarschaft	bezeichnet die räumliche Verbindung (Topologie) benachbarter Messwerte, die zur Stützung des Schätzergebnisses in den Fusionsprozess eingehen.
Fusionsgüte	wird hier als Fehler des Fusionsverfahrens bezüglich eines vorgegebenen Originals verwendet. In dieser Arbeit dient der mittlere quadratische Fehler zum Vergleich der Ergebnisse des Verfahrens.
Verlässlichkeit	bewertet einen Sensor oder ein System bezüglich der Messunsicherheit sowie der Ausfallhäufigkeit und anderer Fehler. Je nach Qualität der Sensordaten werden daher die Parameter des dynamischen Systems gewählt, vor allem die Attraktorstärken λ_n (siehe Kapitel 4.1).

1 Einleitung

Viele technische Anwendungen erfordern eine Auswertung von Information über die natürliche, sich ändernde Umwelt, um Systeme zu steuern oder Entscheidungen abzuleiten. Oft sind Größen zu ermitteln, die sich dynamisch verhalten. Zur Datenermittlung werden Sensoren eingesetzt, die bestimmte Aspekte der Umwelt abbilden. Beispielsweise können dies Thermometer, Mikrofone oder Seismographen sein. Alle diese Sensoren besitzen unterschiedliche Eigenschaften und sind verschieden kalibriert. Sie haben vielfach verschiedene örtliche oder zeitliche Auflösungen. Die gewonnenen Daten unterliegen weiterhin sensorspezifischen Störeinflüssen. Deshalb ist die Güte einer Sensoraufnahme begrenzt.

Um stabile und präzise Messergebnisse zu erhalten, werden häufig mehrere Sensormessungen desselben Typs fusioniert. Unter einer Fusion wird die geeignete Kopplung von Information verstanden. Deren Ziel ist die robuste Schätzung einer interessierenden Größe. Im einfachsten Fall wird die Genauigkeit einer Schätzung durch die arithmetische Mittelung der gewonnenen Information erhöht. Dadurch vermindert sich die Varianz des Rauschanteils der Daten.

Reichen die redundanten Informationen zur Ermittlung einer Größe nicht aus, müssen zusätzliche, sich in ihrem Informationsgehalt ergänzende Daten gewonnen werden. Dies gelingt durch den Einsatz verschiedener Sensorarten. Ein Beispiel hierzu stellen Umweltüberwachungssysteme dar, die dazu dienen, bestimmte Aspekte einer komplexen natürlichen Umgebung aufzunehmen, wie zum Beispiel der Bodenfeuchtigkeit von Ackerflächen oder der Dickenverteilung von Ölverschmutzungen auf der Meeresoberfläche. Alle vorhandenen Informationen gilt es dann zu fusionieren. Die mit verschiedenen Sensoren gewonnenen Daten besitzen jedoch meist unterschiedliche Güten und Eigenschaften oder weisen verschiedene Datenformate auf. Außerdem unterliegen sie unterschiedlichen, sich zeitlich ändernden Randbedingungen. Daher ergeben sich höhere Anforderungen an ein Fusionsverfahren.

Bisher verwendete Verfahren zur Fusion unterschiedlicher Sensordaten reichen von statistischen Methoden über Fuzzy-Systeme und neuronale Netze bis zu Expertensystemen. Jedes Verfahren bedarf einer problemspezifischen Beschreibung und der Ermittlung spezieller Parameter oder Regeln. In der vorliegenden Arbeit wird eine Architektur entwickelt, die es erlaubt, verschiedenartige Information, z. B. aus Sensordaten, Nachbarschaftsbetrachtungen und Expertenwissen, einheitlich über einer Zustandsvariablen eines dynamischen Systems zu beschreiben. Durch die additive Kopplung dieser Informationen in einer nichtlinearen Dynamik lassen sich diese Beiträge hinsichtlich einer physikalischen Größe robust kombinieren und überlagerte Störungen vermindern.

Am Beispiel simulierter Temperaturzeitreihen und realer Strahlungsdaten eines flugzeuggetragenen dreikanaligen Radiometers wird ein System zur Multisensor–Datenfusion entwickelt. Den aufgezeigten Fusionsproblemen liegt jeweils eine Dynamik zu Grunde, die physikalischen Gesetzen folgt und kontinuierlich in ihren Zustandsgrößen ist. Da die Dynamik zu jedem Zeitpunkt einen bestimmten Zustand besitzt, wird zur Lösung dieser Fusionsaufgabe ein ebenfalls zustandsbehaftetes dynamisches System entwickelt. Der Vorteil dieses Systems besteht darin, dass jede Art der Information, unabhängig von ihrer Herkunft, als Fixpunkt–Attraktor der dynamischen Zustandsgröße beschrieben wird. Zusammengefasst bilden sie ein nichtlineares dynamisches System in Form einer Differentialgleichung erster Ordnung. Diese kann numerisch mit dem *Euler*–Verfahren gelöst werden.

Es wird gezeigt, dass das entwickelte Fusionsverfahren sehr robust gegen Störungen ist und aus den zur Verfügung stehenden Daten verlässliche Ergebnisse erzielt. Der Einfluss des Rauschens in den Daten auf die zu ermittelnde Größe wird verringert und Ausreißer sowie korrelierte und unkorrelierte Störungen in den Daten werden eliminiert. Auf Grund seines modularen Aufbaus lässt sich zusätzliches Wissen leicht in das System integrieren. Durch die während der Erfassung des Datenstromes erfolgende Analyse mit Hilfe eines weiteren dynamischen Systems kann die Güte eines Sensors bewertet werden. Driften die Messwerte eines Sensors aus einem eingestellten Bereich, dann werden die Sensordaten rekalibriert. Diese zusätzliche Dynamik ist so mit dem Sensorfusionssystem gekoppelt, dass die Gesamtdynamik jederzeit stabil ist. Das dynamische System relaxiert immer in einen stabilen Zustand.

Das in dieser Arbeit entwickelte Verfahren besitzt den Vorteil, dass es eine niederdimensionale Beschreibungsform darstellt, um verschiedene Informationsbeiträge, unabhängig von der jeweiligen Informationsquelle, zu kombinieren. Die wenigen Parameter sind physikalisch interpretierbar und bei vorhandenem Zusatzwissen, z. B. von sogenannten Experten, präzise festzulegen. Mit diesem dynamischen Ansatz kann auf aufwendige Lernverfahren zur Fusion verzichtet werden. Ähnlich einem Experten mit Erfahrung in der visuellen Beurteilung der Daten fusioniert dieses System selbstständig alle zugänglichen Informationen direkt aus den Sensordaten und weiterem Wissen über den Messvorgang. Auf Grund der robusten Eigenschaften des sich ergebenden Systems ist die entwickelte Methode auch auf andere Anwendungsgebiete leicht übertragbar.

Gliederung

Entsprechend der Aufgabenstellung deckt die vorliegende Arbeit sowohl theoretische Aspekte nichtlinearer dynamischer Systeme als auch ihre Umsetzung zur Fusion mehrerer unterschiedlicher Sensorinformation ab. In Kapitel 2 wird zuerst eine Einführung in die Sensorfusion gegeben, die die Grundlagen dieser Arbeit darstellt. Darin wird der Begriff der Sensorfusion definiert und die Aufgabe der Fusion wird spezifiziert. Ebenfalls wird der in dieser Arbeit häufig verwendete Begriff der Information erläutert. Auf grundsätzlich auftretende Probleme in verschiedenen Anwendungsgebieten wird detailliert eingegangen. Als ein Beispiel dazu wird die Aufgabe der Fernerkundung von Ölverschmutzungen vorgestellt, in der es darum geht, Strahlungsmessungen mehrerer Frequenzkanäle hinsichtlich einer Dickeninterpretation von Ölschichten auf der Meeresoberfläche zu fusionieren. Zuletzt werden bisher verwendete Verfahren zur Sensorfusion kurz vorgestellt.

Im dritten Kapitel werden die Grundbegriffe dynamischer Systeme erläutert. Dabei wird besonders auf nichtlineare Systeme eingegangen und deren Stabilitätseigenschaften werden untersucht. Den Hauptteil bildet die Vorstellung des *dynamischen Ansatzes*, der ursprünglich zur Steuerung des Verhaltens autonomer Roboter entwickelt wurde. Die Grundlage liefert die Beschreibung jeglicher zur Verfügung stehender Information über eine gesuchte Größe durch sogenannte Attraktoren, deren Anwendungsmöglichkeiten und Eigenschaften dargestellt werden. Sie bilden die Basis, auf der verschiedene Informationen, auch aus unterschiedlichen Quellen, mit Hilfe eines dynamischen Systems kombiniert werden können.

Kapitel 4 bildet den Schwerpunkt dieser Arbeit. Darin wird ein neuer Ansatz zur Sensorfusion auf der Basis der in Kapitel 3 vorgestellten Attraktordynamik entwickelt. Es wird ein nichtlineares dynamisches System entworfen, welches unterschiedliche Information einheitlich als Attraktoren darstellt und automatisch Ausreißer und weitere stochastische Fehler korrigiert. Der Aufbau einer Fusionsdynamik wird ausführlich anhand zweier Anwendungsbeispiele erläutert. Im letzten Teil dieses Kapitels werden drei Erweiterungen vorgestellt. Zuerst wird die Verlässlichkeit eines Informationsbeitrages als Funktion über die gesuchte Größe kodiert. Danach wird die erstellte Fusionsdynamik um eine zusätzliche Dynamik zur Rekalibrierung von Sensordaten erweitert, um systematische Fehler in den Daten während des Fusionsprozesses korrigieren zu können. Zuletzt wird ein Verfahren vorgestellt, das auch die Topologie zweidimensionaler Messungen berücksichtigt.

Die Anwendbarkeit des neuen Verfahrens zur Sensorfusion wird in Kapitel 5 zunächst anhand ein– und zweidimensionaler simulierter Daten gezeigt. Dabei wird ausführlich der Einfluss der einzelnen Parameter auf die Fusionsgüte untersucht und es werden einfache Regeln für deren Einstellungen abgeleitet. Es wird gezeigt, welche Auswirkungen die Einbeziehung von Nachbarschaften und die Rekalibrierdynamik auf die Fusionsergebnisse haben. Darüber hinaus werden die Ergebnisse der Fusion realer Strahlungstemperaturmessungen mittels Radiometersystemen vorgestellt und bewertet. Die Arbeit schließt mit einer Zusammenfassung und einem Ausblick in Kapitel 6.

2 Einführung in die Sensorfusion

Die intelligente Sensorverarbeitung ist eine schnell wachsende Disziplin in den Natur– und Ingenieurwissenschaften. Sie verfolgt das Ziel, ihre Umwelt zu „sehen“ und zu „verstehen“. Mit Hilfe unterschiedlicher Sensoren werden die interessierenden Aspekte über die Umwelt erfasst. Die gewonnenen Datenmengen erfordern eine adäquate Auswertung, wozu eine Vielfalt neuer Verfahren entwickelt wurde. Dazu zählen zum Beispiel dynamische Methoden zur Manipulation und Ansätze zur Fusion von Sensordaten sowie visuelle Wahrnehmungsmodelle zur Vereinfachung von Klassifikationsprozessen [Brooks und Iyengar 1998]. Anwendungsgebiete der Sensorverarbeitung sind vor allem die Bild– und Signalverarbeitung.

Der Versuch einer optimalen Informationsverarbeitung durch die intelligente Integration von Multisensordaten hat in den letzten Jahrzehnten an Popularität gewonnen. Das beweisen die zunehmende Zahl an Veröffentlichungen auf diesem Gebiet in diversen Zeitschriften und die dazu neu geschaffenen Konferenzen, wie z. B. verschiedene SPIE-Tagungen zur Sensor Fusion, die SIRS (Symposium on Intelligent Robotic Systems) oder die IGARSS (Int. Geoscience and Remote Sensing Symposium) des IEEE. Neueste Methoden und Theorien zur Sensorfusion werden dort regelmäßig vorgestellt, die auf die vielfältigsten Themengebiete spezialisiert sind. Dazu zählen die Raumfahrttechnik, Navigation, Fernerkundung, Robotik, Statistik und künstliche Intelligenz. Einen Überblick über die verschiedenen Themen und eine Zusammenstellung der Literatur findet man beispielsweise in Dasarathy [1994] und Varshney [1997].

Im ersten Unterkapitel werden zunächst der Grundbegriff der Sensorfusion und die darin enthaltenen Begriffe „Sensor“ und „Fusion“ erläutert. Daneben wird kurz auf die Verwendung des Begriffes „Information“ eingegangen. Anschließend werden die verwendeten Fusionskonzepte vorgestellt. Das dritte Unterkapitel erläutert die Ursachen grundsätzlich auftretender Störungen in Sensordaten, die zu Problemen bei der Sensorfusion führen können. Um diese untersuchen und beurteilen zu können, werden Simulationen durchgeführt. Dazu wird beschrieben, wie die verschiedenen Störungen am besten modelliert werden können. Nach einem Überblick über die Vielfalt möglicher Anwendungsgebiete zur Sensorfusion beschreibt Kapitel 2.5 ein Anwendungsbeispiel aus dem Bereich der Fernerkundung, in dem es darum geht, Ölschichten auf der

Meeresoberfläche mit einem Multisensorsystem zu vermessen, um daraus eine Dickenverteilung des Öles zu schätzen. Dieses Beispiel ist zum Verständnis des in Kapitel 4 schrittweise entwickelten dynamischen Systems zur Sensorfusion notwendig. Zuletzt werden einige bisher bekannte Verfahren zur Fusion kurz vorgestellt und diskutiert.

2.1 Grundbegriffe

Der Begriff der *Sensorfusion* wird im Allgemeinen für alle Arten der Kombination von Informationen benutzt, die durch mehrere Aufnahmeeinheiten gewonnen werden. Er setzt sich aus den beiden Begriffen *Sensor* und *Fusion* zusammen. Unter einem Sensor versteht man elektrische oder mechanische Einheiten, die Daten über die sie umgebende Welt sammeln. Dazu existiert eine Vielzahl an Geräten, die von günstigen Kameras bis zu teuren Erdbeobachtungssatelliten reicht. Jeder Sensor muss wenigstens eine Eigenschaft seiner Umwelt detektieren und auf quantitative Messungen abbilden. Das kann die elektromagnetische Strahlung im sichtbaren wie im Mikrowellenbereich sein. Die Menge der Sensoren lässt sich in aktive und passive Sensoren unterteilen. Aktive Sensoren sind solche, die sowohl Signale aussenden als auch empfangen, wie z. B. Radar– und Lasersysteme oder Ultraschallsensoren. Mit dem Begriff der passiven Sensoren bezeichnet man dagegen reine Empfangsgeräte, wie z. B. Kameras im sichtbaren, infraroten oder ultravioletten Wellenlängenbereich oder Mikrowellenradiometer. Trotz dieser Vielfältigkeit haben alle Sensoren eines gemeinsam: Jedes Gerät besitzt eine bestimmte Messunsicherheit, ist in natürlicher Umgebung verschiedenen Rausch- oder Störquellen ausgesetzt und funktioniert eventuell unter bestimmten Bedingungen fehlerhaft oder gar nicht. Sensoren sind folglich keine vollkommen verlässliche Aufnahmegeräte. Auf die Eigenschaften einiger Störungsarten wird in Kapitel 2.3.1 näher eingegangen.

Nutzt man mehrere Messungen desselben Sensors, wird die Schätzung einer Größe weniger rauschbehaftet, wenn die Messwerte anschließend gemittelt werden. Dabei handelt es sich um den einfachsten Fall der Sensorfusion. Dagegen benötigen Entscheidungsfindungsprozesse meist Informationen über verschiedene Aspekte ein und derselben Situation. Diese Informationen über eine gesuchte Größe können einerseits Sensordaten darstellen oder andererseits in Funktionen oder Regeln gefasste Randbedingungen und Erfahrungen sogenannter Experten sein. Unter dem Begriff „Information" wird in dieser Arbeit nicht die Definition von Shannon [1948] verstanden, der die Entropie als Maß für den Informationsgehalt eingeführt hat. Vielmehr werden mit Information die innerhalb eines Kontextes aufgenommenen Daten, wie Messwerte, Mitteilungen und Nachrichten bezeichnet, die interpretiert werden und daher eine Bedeutung besitzen. Es handelt sich bei der Information, wie sie hier verwendet wird, folglich um abgeleitetes Wissen über eine gesuchte Größe aus verschiedenen Quellen, das gespeichert und verarbeitet wird.

Um möglichst viele unterschiedliche Informationen zu gewinnen, ist der gleichzeitige Einsatz mehrerer Sensoren notwendig. Wenn die Sensoren nur dazu da wären, den Informationserwerb zu vervielfältigen, wäre der Fusionsprozess im Wesentlichen die Vereinigung der Redundanzen zur Verminderung der Messunsicherheit und zur Erhöhung der Verlässlichkeit des Gesamtsystems. Aus der Kombination von Daten unterschiedlicher Sensoren können präzisere Folgerungen abgeleitet werden als sie durch die Benutzung nur eines Sensors hätten erreicht werden können [Hall und Llinas 1997]. Unter dem Begriff *Fusion* versteht man deshalb die Integration der Daten mehrerer unabhängiger Quellen, um daraus eine vereinheitlichte, präzise und umfassende Schätzung einer gesuchten Objektgröße zu erhalten. Schematisch ist diese Aufgabe in Abbildung 2.1 zu sehen. Die Hauptfaktoren, die man bei der Auswahl der Sensoren für Fusionszwecke berücksichtigen muss, sind zum einen die Kompatibilität der Sensoren und zum anderen sich ergänzenden Daten, die mit den Sensoren gewonnen werden können.

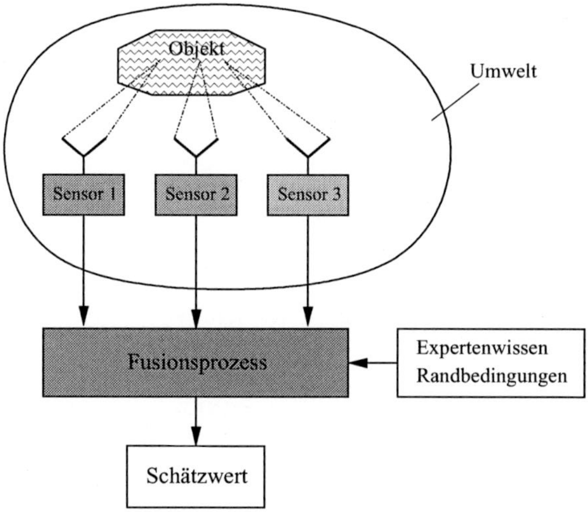

Abbildung 2.1: Repräsentation eines Fusionsprozesses.

In der Literatur bezieht sich der Begriff *Sensorfusion* meistens auf die Gewinnung, Verarbeitung und Kombination von Information, die durch verschiedene Wissensquellen und Sensoren erworben wird, um ein besseres Verständnis der beobachteten Phänomene zu erhalten. Das Konzept der Sensorfusion mag auf den ersten Blick sehr einfach erscheinen, aber der Entwurf und die Anwendung eines Fusionssystems ist eine extrem komplexe Aufgabe. Die Modellierung, Verarbeitung, Fusion und Interpretation diverser Sensordaten stellt herausfordernde Probleme dar, um Wissen, also begründbare und begründete Erkenntnisse über eine interessierende Größe, anzusammeln und daraus Schlussfolgerungen abzuleiten [Brooks und Iyengar 1998].

Allerdings ist das Konzept der Sensorfusion nicht neu. Menschen und Tiere haben die Möglichkeit entwickelt, mehrere Sinne bzw. Sensoren zu nutzen, um ihre Fähigkeit des Überlebens zu verbessern. Daher wird in den verschiedensten wissenschaftlichen Disziplinen das Ziel verfolgt, diese Fähigkeit des menschlichen Gehirns nachzubilden. Damit sollen Probleme von Informationsverarbeitungsprozessen gelöst werden, die bei der Speicherung, Verknüpfung, Verarbeitung und der Auswertung von Information auftreten.

Bisher existieren keine allgemeinen Ansätze zur Sensorfusion. Die meisten Methoden sind ad hoc. Die verschiedenen Algorithmen hängen stark von Nebenbedingungen des Informationsprozesses ab und unterscheiden sich vor allem dadurch, in welcher Art diese Bedingungen eingebunden werden. Bei der Aufnahme, dem sogenannten *sensing process* werden quantitative Messungen vorgenommen, die von der Struktur eines Objektes in der Welt (Umgebung) abhängen. Dies kann man auch als Filterung der Welt durch einen Abtast– oder Projektionsprozess in einen Bild– oder Datenraum auffassen. Dadurch werden verschiedene Datensätze generiert, die alle dasselbe Objekt, jedoch mit verschiedenen Filtern und eventuell zu unterschiedlichen Zeiten messen (siehe Abb. 2.2). Danach müssen die gesuchten Größen in der Regel aus einer entsprechenden Anzahl von Messungen geschätzt werden, was bereits in Abbildung 2.1 schematisch dargestellt wurde.

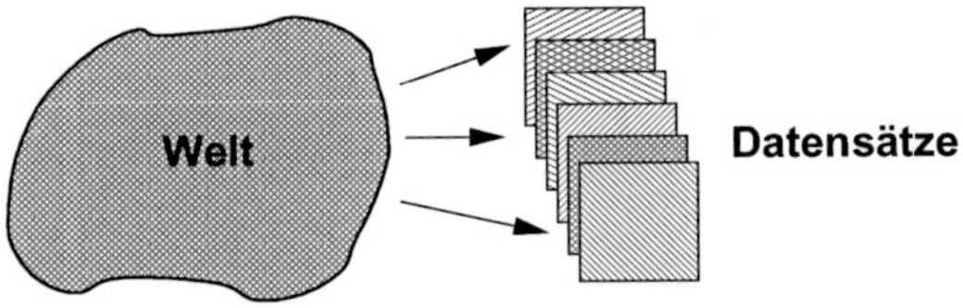

Abbildung 2.2: Mehrere Abbildungen eines Objektes in der Welt zur gleichen Zeit mit verschiedenen Filtern ergeben unterschiedliche Datensätze.

Da es viele mögliche Objekte in der Welt geben kann, die zu denselben gemessenen Daten führen, ist der Abbildungsprozess immer mit einem Informationsverlust behaftet. Der Begriff „sensing“ bedeutet folglich die nicht vollständig invertierbare Projektion der Welt. Meistens sind die gefundenen Lösungen nicht eindeutig, so dass wenigstens eine der Bedingungen von Hadamard [1923] für „gut definierte“ Probleme nicht erfüllt ist. Das in Kapitel 2.5 vorgestellte Anwendungsbeispiel zählt auch zu dieser Kategorie.

Die Aufgabe der Sensorinformationsverarbeitung besteht daher generell in der Lösung schlecht gestellter Probleme (engl. *ill-posed problems*) und muss mit mathematischen Methoden behandelt werden, die für inverse Probleme entwickelt wurden. Eine kurze Zusammenstellung verschiedener Inversionsverfahren für den Bereich der Fernerkundung neben weiteren Literaturhinweisen findet sich beispielsweise in Winkel [1993], wobei das wohl bekannteste das Regularisierungsverfahren von Tikhonov und Arsenin [1977] ist. Die Datenfusion kann ebenfalls dazu benutzt werden, um diese Probleme zu regularisieren oder in gut lösbare umzuwandeln [Clark und Yuille 1990], so dass eindeutige Lösungen erzielt werden und diese auch stabil gegenüber kleinen Schwankungen in den Daten sind. Dieses Vorgehen benötigt die Formulierung von Nebenbedingungen, um zunächst die Lösungsvielfalt einzuschränken. Nur durch die Nutzung einer genügenden Anzahl an Nebenbedingungen kann der Bildraum so invertiert werden, dass sich eine stabile eindeutige Lösung ergibt. Da die meisten Sensorsysteme nur für bestimmte Bedingungen in einer spezifischen Umgebung konzipiert und eingesetzt werden, müssen diese auch bei der Bestimmung möglicher Lösungen des Inversionsproblems Berücksichtigung finden. Ein typisches Beispiel ist die Oberflächenglattheit, bei der angenommen wird, dass die Oberfläche keine Tiefendiskontinuitäten aufweist. Die Bedingung der Glattheit spielt auch im behandelten Beispiel dieser Arbeit eine wesentliche Rolle. Daneben existieren die Grundgesetze der Physik oder Mathematik. Diese erlauben, Lösungen auszuschließen, die „physikalisch unmöglich“ sind. Zusätzlich werden natürliche Bedingungen aus der Betrachtung der Umwelt gewonnen, die sozusagen Hypothesen darstellen und durch Experimente oder Theorien hinreichend erklärt werden müssen. Vorwiegend zählen Oberflächenglattheit, Objekt–Steifigkeit oder die Annahme einer Lambert'schen Oberflächenstrahlung dazu.

Durch die Addition künstlicher Bedingungen kann neben reinen Sensordaten auch „Wissen auf höherer Ebene“ miteinbezogen werden. Dazu zählen die Erwartungen über den Wertebereich eines Messgröße oder abgeleitete Folgerungen aus vorherigen Schätzungen. Das sogenannte Expertenwissen wird als *a-priori* Bedingungen im Sensorfusionsprozess berücksichtigt. Zusätzliche unabhängige Sensorinformationen können jedoch die Abhängigkeit der Sensormodule von möglicherweise ungültigen Annahmen oder Bedingungen reduzieren. Die explizite Auswahl der Nebenbedingungen bleibt unklar. Dagegen ist deren Einbindung in den Prozess ein Problem des Algorithmus–Designs. Meist benutzt man dazu Wahrscheinlichkeitsmodelle wie Bayes'sche Modelle oder es wird eine Energiefunktion für die gesuchte Größe aufgestellt, die es zu minimieren gilt. Einige Verfahren zur Sensorfusion werden in Kapitel 2.6 kurz vorgestellt.

Ein weiteres Problem von Multisensorumgebungen sind die großen Datenmengen, die erzeugt werden. Darüber hinaus können die Daten bezüglich des Informationsgehaltes unvollständig, inkonsistent oder unpräzise sein, da sich die beobachtete Umgebung möglicherweise zeitlich ändert. Somit muss die Sensorfusion in der Lage sein, Informationen so zu kombinieren, dass Inkonsistenzen gar nicht erst auftreten können und relevante Informationen extrahiert werden. Dies geht gleichzeitig mit einer Datenreduktion einher, da es nur darum geht, die beste und nicht alle Interpretationen der Messwerte verschiedener Sensoren zu liefern, um dem realen Wert möglichst nahe zu kommen.

Zusammenfassend lässt sich festhalten, dass eine Sensorfusion mehrere unabhängige, sich ergänzende und teilweise redundante Informationsquellen verschiedener Messunsicherheit und somit unterschiedlicher Verlässlichkeit kombiniert, um daraus eine Information einheitlicher, bekannter Messunsicherheit und geprüfter Verlässlichkeit abzuleiten. Durch die Kombination mehrerer Sensoren in eine logische Einheit können Störungen der einzelnen Messdaten minimiert werden. Dies erfordert Expertise in Informationswissenschaften, mathematischer Entscheidungsvorbereitung und Statistik. Probleme, denen sich die Sensorfusion widmet, sind auch in anderen aktuellen Forschungsgebieten von großer Bedeutung. Die Verlässlichkeit von Messsystemen, dezentrale Datenverarbeitung, Maschinenlernen, Bildverarbeitung und Interpretation sich widersprechender Daten sind einige der Themen laufender Forschungsarbeiten, die sehr eng mit der Sensorfusion verbunden sind.

2.2 Gliederung der Fusionskonzepte

Im Allgemeinen können Sensorfusionskonzepte oder –techniken bezüglich mehrerer verschiedener Perspektiven wie z. B. dem Anwendungsbereich, Fusionsziel, Sensortyp, Ein/Ausgabecharakteristik des Fusionsprozesses oder der Verarbeitungshierarchie kategorisiert werden, was zu unterschiedlichen Interpretationen des Begriffes *Sensorfusion* geführt hat [Dasarathy 1994]. Für die vorliegende Arbeit ist die Einteilung der Konzepte nach der Hierarchieebene, auf der eine Fusion erfolgen soll sinnvoll. Im Allgemeinen wird sie als dreistufige Hierarchie gesehen:

- Datenfusion,
- Merkmalsfusion und
- Entscheidungsfusion.

Diese Hierarchie kann man unter zusätzlicher Berücksichtigung der Ein/Ausgabebeziehung auch in fünf Ebenen unterteilen [Dasarathy 1994]. Im Weiteren werden die obigen drei Begriffe jedoch nur an die Art der Eingangsdaten gekoppelt, d. h. bei einer Merkmalsfusion werden nur Merkmale fusioniert, die wieder Merkmale (auf höherer Ebene) hervorbringen oder aber Entscheidungen ergeben. Zur Verdeutlichung dient Abbildung 2.3.

Datenfusion

Die elementarste oder niedrigste Ebene der Fusion stellt die reine Datenfusion dar. Dabei gilt es, mehrere Datensätze verschiedener Sensoren direkt nach der Erfassung (und

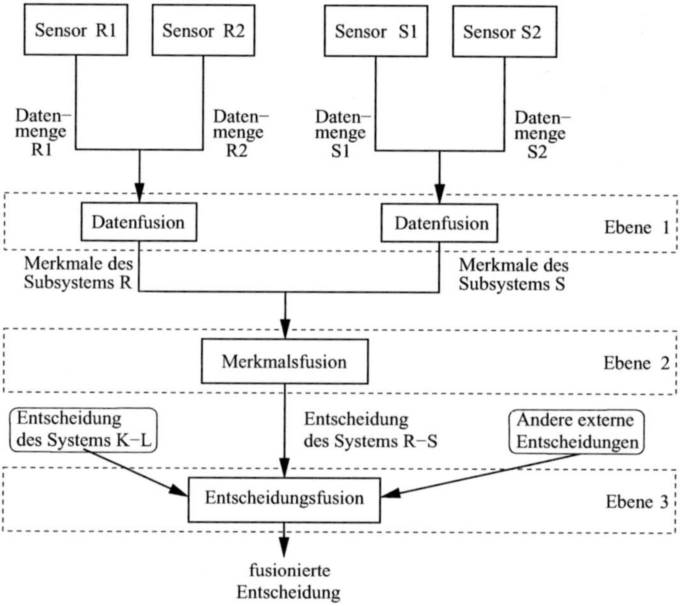

Abbildung 2.3: Schematische Sicht der Fusionsebenen im Kontext der Sensorfusion: von der Ebene der Datenfusion bis zur Ebene der Entscheidungsfusion.

möglicher Filterung) zu koppeln. Die Art, wie das menschliche Auge Farbinformation verarbeitet [Mallot 1998], ist ein typisches Beispiel einer Fusion auf Datenebene. Auch viele der Verarbeitungstechniken im Fernerkundungsbereich fallen unter diese Kategorie. Am Beispiel von bildgebenden Sensoren, wie z. B. CCD-Kameras, kann eine Fusion auf der Bildpixelebene erfolgen, da die gemessenen Strahlungsintensitäten eines begrenzten Spektralbereiches als räumlich kongruent angesehen werden können. Diese Datenfusion ist nützlich, um feine Details zu extrahieren, die an die Pixelebene gebunden sind, da sie bei einer Fusion auf höherer Ebene verloren gingen.

Darüber hinaus erlauben reine Sensordaten immer dann eine direkte Kombination, wenn ihre Datenraten kompatibel sind und die Daten dieselbe räumliche und zeitliche Dimension und dasselbe Format besitzen. Dies ist der Fall, wenn Sensoren gleichzeitig das gleiche physikalische Phänomen in demselben Objektbereich messen, beispielsweise bei zwei bildgebenden oder akustischen Sensoren. Sind die Veränderungen in einer Szene klein gegenüber dem zeitlichen Abstand zweier Aufnahmen, d. h. ist die Szene als statisch anzusehen, kann eine Messung auch zeitlich versetzt mit demselben Sensor erfolgen. Informationen über ein interessierendes Objekt können auch mit Hilfe verschiedener Sensoren gewonnen werden. Zur Multispektralanalyse wird meistens eine Hauptkomponentenanalyse (engl. Principal Component Analysis, PCA) oder eine Transformationstechnik im Frequenzbereich genutzt. Fusionsverfahren in dieser Kategorie basieren meist auf Techniken, die in den traditionellen Gebieten der Signal– und Bildverarbeitung entwickelt wurden [Jähne 1995]. Man kann folglich klassische Detektions– und Schätzmethoden anwenden. Besitzen die Sensordaten jedoch nicht dieselbe Dimension, müssen sie auf der nächst höheren Ebene, der Merkmals– oder Zustandsvektorebene fusioniert werden.

Merkmalsfusion

Als Merkmale bezeichnet man im Allgemeinen Größen, die mit einem Verarbeitungsprozess aus Messdaten gewonnen wurden. Diese stellen häufig höherwertige Informationen über einen Beobachtungsbereich dar, da sie mehrere Datenpunkte zusammenfassen und deshalb leichter zu interpretieren sind. Kanten, die mit Hilfe einer entsprechenden Filterung aus Grauwertbildern gewonnen werden, sind beispielsweise solche Merkmale. Werden repräsentative Merkmale aus vorliegenden Sensordaten gewonnen oder hergeleitet und anschließend kombiniert, handelt es sich um eine Merkmalsfusion. Diese Merkmale können auch aus mehreren Sensorbeobachtungen extrahiert und in einem globalen Vektor zusammengefasst werden. Dieser Merkmalsvektor dient dann als Eingang von Mustererkennungssystemen, die auf Neuronalen Netzwerken oder Clusteralgorithmen basieren können. Eine Merkmalsfusion findet man oft in Systemen, die unterschiedliche Sensoren benutzen und einzelne Merkmale nur von bestimmten Sensormessungen ableiten. Beispielsweise werden Umrisse von Objekten nur durch bildgebende Sensoren, jedoch nicht von normalem Radar gewonnen. Umgekehrt können Entfernungsinformationen nur mit Hilfe des Radars, aber kaum durch Bildsensoren erzielt werden. Beide Informationen müssen kombiniert werden, um ein Maß für die Größe eines Objektes zu erhalten. Deshalb stellt die Merkmalsfusion die mittlere Fusionsebene im Schema der Abbildung 2.3 dar. Es wird vermutet, dass die Art und Weise, wie Menschen visuelle Informationen der beiden Augen verarbeiten, um sich zum Beispiel in einem Raum zurechtzufinden, auch eine Merkmalsfusion beinhaltet.

Auf technischer Ebene ist die Fusion mehrerer aktiver und passiver Sensoren ein gutes Beispiel, bei der Merkmale z. B. aus Daten von Mikrowellensensoren und Infrarotsensoren kombiniert werden. Das Ergebnis einer Merkmalsfusion kann ein synthetisches Merkmal auf höherer Ebene sein, das als Eingang eines weiteren Prozesses genutzt werden kann. Meist liegt der Vorteil einer Gewinnung abstrakter synthetischer Merkmale, sogenannter „Supermerkmale", in der Verkleinerung des Merkmalraumes und damit in einer Reduktion der Fusionskomplexität. Manchmal werden diese dazu genutzt, Variationen der einzelnen Merkmalswerte relativ zueinander auf statistische Art zu bewerten [Dasarathy 1994]. Am Ausgang eines solchen Fusionsprozesses muss aber nicht immer ein Merkmal stehen, es kann auch eine Entscheidung getroffen werden, z. B.

bei einer Klassifikationsaufgabe. Die meisten Mustererkennungssysteme mit mehreren Sensoren nutzen diese Form der Fusion in der Erkennungsphase, bei der ein Merkmalsvektor auf Basis von Vorwissen oder Training klassifiziert wird. Oftmals ist diese Fusionsart der erste Fusionsschritt, da der vorherige fehlt.

Entscheidungsfusion

Eine Fusion auf der Entscheidungsebene ist gleichzusetzen mit einer Fusion auf einer symbolischen Ebene. Sie ist bei allen Sensorketten und für alle Sensorkonfigurationen anwendbar. Hier liegen sowohl am Eingang als auch am Ausgang des Prozesses Entscheidungen vor. Vielfach muss diese Fusionsebene gewählt werden, da die Voraussetzungen für eine Fusion auf niedrigerer Ebene nicht erfüllt sind. Dann sind vorab Entscheidungen an jedem Sensor zu treffen, die nur auf deren lokalen Daten beruhen. Diese lokalen Entscheidungen werden anschließend dem eigentlichen Fusionsprozessor zur Integration zugeführt. Ein Beispiel stellt die Überprüfung von Hypothesen über das Auftreten eines Ereignisses dar, z. B. bezüglich vorgegebener Objekte, bei dem es darum geht, viele aus verschiedenen Beobachtungen gewonnene Hypothesen bezüglich dieser Objekte zu kombinieren, um die „richtige" Entscheidung zu treffen [Drakopoulos und Lee 1991]. Man muss aus der Kombination verschiedener Sensordaten also eine Art Entscheidung für ein Objekt oder eine Beschreibung eines beobachteten Phänomens erhalten. Dies wird vorwiegend bei autonomen Robotern oder bei Fernerkundungssystemen mit verschiedenen Sensoren genutzt. Beispiele sind auch gewichtete Entscheidungsmethoden, wie die Voting Technik und klassische oder Bayes'sche Inferenzsysteme [Hall 1992]. Vielfach ist eine Entscheidungsfusion mit einem Optimierungsproblem gekoppelt. Dieser Fusionsprozess erlaubt eine Zusammenfassung lokaler Entscheidungen, stellt jedoch keine Alternative zu den anderen Fusionsebenen dar, da er meistens auf deren Ergebnisse angewiesen ist. Dies wird anhand Abbildung 2.3 deutlich. Mehrere Entscheidungsfusionskonzepte für unterschiedliche Anwendungsgebiete fasst Dasarathy [1994] zusammen.

Zusätzlich kann eine der oben aufgeführten Fusionsarten auch über der Zeit erfolgen. Beispielsweise kann die zeitliche Mittelung von Daten, die mit verschiedenen Sensoren unterschiedlicher Auflösung gewonnen werden, als zeitlicher Fusionsprozess angesehen werden. Das Trackingproblem bei der Verfolgung eines Zielobjektes ist ebenfalls ein gutes Beispiel für den Zeitaspekt bei der Fusion. Eine zeitliche Fusion kann auf allen der vorgestellten drei Fusionsebenen vorkommen und ist folglich unabhängig von der obigen Kategorisierung. Vielfach werden in der Literatur auch die räumliche und die Spektralfusion aufgeführt, doch handelt es sich dabei um grundlegende Beispiele der Daten- oder Merkmalsfusion.

Jede Fusion auf allen drei Ebenen führt durch die Anwendung technischer Systeme zu einer Datenzusammenfassung, bei der oft einige Informationen verlorengehen. Dieser Verlust beeinträchtigt verschiedene Statistiken, wie das Signal-zu-Rausch Verhältnis und weitere Datencharakteristika, die aber entscheidend für das Design und die Auswertung eines Informationsverarbeitungssystems sein können. Dies muss folglich beim Aufbau eines Fusionssystems berücksichtigt werden. Eine weitere, tiefergehende Aufschlüsselung der Begriffe ist in Dasarathy [1994] zu finden. Auf Grund der hier vorgenommenen Unterscheidung des Begriffes Sensorfusion wird in Kapitel 2.5 ein Problem beschrieben, das der Datenfusionsebene zuzuordnen ist. Diese Bezeichnung entspricht dem vielfach in der Literatur verwendeten Begriff der *Multisensor–Datenfusion* [Hall 1992; Varshney 1997].

2.3 Störungen in Sensordaten

Unabhängig ihrer Ursachen erschweren Störungen in Sensordaten immer eine gute Auswertung. Der Zweck, den eine Fusion mehrerer Datensätze verfolgt, ist der Erhalt genauerer Informationen über ein interessierendes Objekt bzw. ein Gebiet. In der Regel sind die Einflüsse, denen reale Daten auf Grund sich wechselnder Umweltbedingungen unterliegen, schwer zu beschreiben und selten quantitativ zu erfassen. Um aber die Güte eines Fusionssystems zu überprüfen, sind bewertbare Datensätze erforderlich. Deshalb werden vorgegebene Problemstellungen simuliert, die mögliche auftretende Störungen miteinschließen. Anhand simulierter Datensätze kann verifiziert werden, ob ein Verfahren gut funktioniert. Wenn es entsprechend bewertete Ergebnisse liefert, dann wird erwartet, dass dieses Verfahren auch bei der Anwendung auf reale Daten ähnlich gute Ergebnisse erzielt. Im Weiteren wird gezeigt, dass gerade wegen der Vielfalt möglicher auftretender Störungen besondere Anforderungen an ein System zur Fusion von Sensordaten gestellt werden. Zunächst werden die Ursachen von Störungen untersucht, um anschließend verschiedene Störungsarten für Simulationszwecke modellieren zu können.

2.3.1 Störungsursachen

Die Messunsicherheit vieler Sensoren wird hauptsächlich durch die verwendete Baugruppen und deren Verkettung bestimmt. Daher ergeben sich am Ausgang einer Aufnahmeeinheit eine Vielzahl an Fehlern. Grundsätzlich muss man zwischen deterministischen und stochastischen Fehlern unterscheiden. Zu den deterministischen Fehlern zählen vorwiegend systembedingte, konstant auftretende Fehler, die ihre Ursache in falschen Auslegungen und Kalibrierungen von Antennen, ungenauen Abbildungsgeometrien oder dem Einsatz von Analog/Digital–Wandlern haben. Daneben treten regelmäßig wiederkehrende Fehler auf, beispielsweise auf Grund fehlender elektrischer Abschirmung der Messeinrichtung. Unter stochastischen Fehlern versteht man dagegen zufällig auftretende Fehler, wie z. B. das elektrische Rauschen in Schaltungen, Vibrationen des Sensors und Schwankungen der Messwerte auf Grund von Temperaturunterschieden, denen das Messsystem ausgesetzt ist. Diese werden meistens durch Zufallsvariablen beschrieben. Es existieren auch Störungen, die durch Alterungsprozesse im Material der Sensoren hervorgerufen werden und auf verschiedene Weise modelliert werden können.

Eine fast überall vorkommende Art der Störung ist das elektrische Rauschen, das den Daten überlagert ist [Schiek und Siweris 1990]. Die Ursachen liegen im Allgemeinen in Schwankungserscheinungen von Strömen und Spannungen in den Verstärkerschaltungen und in der thermischen Abhängigkeit von Baulementen der Messapparatur. Auf Grund der unterschiedlichen Messtechnik, beispielsweise für einzelne Frequenzkanäle, ist das Rauschen zwischen einzelnen Sensoren nicht korreliert und betraglich möglicherweise verschieden. Als eine störende Erscheinung begrenzt Rauschen die Empfindlichkeit von nachrichtentechnischen Empfängern oder Navigationssystemen. Es beeinflusst ebenso das Auflösungungsvermögen und begrenzt die Genauigkeit von Messsystemen. Ohne Rauschen könnte man Sendeleistungen soweit verringern, wie es die Einkopplung anderer Übertragungskanäle zulässt. Das elektrische Rauschen hat daher einen großen Einfluss auf die Systemauslegung und damit auf dessen Kosten [Schiek und Siweris 1990].

Die Auswirkungen des Rauschens in hochfrequenztechnischen Systemen sind nicht immer einfach zu überblicken. Es bestehen zum Teil komplizierte Wechselwirkungen mit anderen Schaltungsparametern. Ferner ist häufig nicht nur ein einziger Rauschvorgang zu berücksichtigen, sondern es können mehrere verschiedene Prozesse zusammenwirken. Bezüglich des im Folgenden betrachteten Anwendungsfalles aus der Fernerkundung sind folgende Rauscharten für hochfrequente Schaltungen als Störquellen zu berücksichtigen:

- Thermisches Rauschen,
- Schrotrauschen,
- Lawinenrauschen und
- Funkelrauschen.

Eine besonders große Bedeutung kommt dem *thermischen Rauschen* in elektrisch leitenden, festen Körpern zu. Thermisches Rauschen ist eine Folge unregelmäßiger thermischer Bewegung der freien Elektronen im Kristallgitter eines gegebenen Materials. Es ist unabhängig von der angelegten Spannung oder dem hindurchfließenden Strom und nur abhängig von der absoluten Temperatur des Körpers. Das thermische Rauschen ist ein weißes Rauschen, d. h. sein Spektrum ist frequenzunabhängig.

Ein anderer, vor allem in elektronischen Bauelementen sehr wichtiger Rauschmechanismus ist das sogenannte *Schrotrauschen*. Es hat seine Ursache in der Überschreitung von elektrischen Potentialbarrieren, z. B. in festen Körpern oder bei Halbleiter-Übergängen zu Metall oder Halbleitern. Im Allgemeinen weist es eine geringere verfügbare Rauschleistung auf als das thermische Rauschen.

Beim Durchbruch von Halbleitersperrschichten tritt das sogenannte *Lawinenrauschen* auf. Normalerweise ist das jedoch unerwünscht, so dass man dafür sorgen muss, dass es in rauscharmen Bauelementen nicht zu einem Durchbruchmechanismus kommt.

Bei Stromfluss in Oberflächen oder Grenzflächen tritt ein sogenanntes *Funkelrauschen* oder *1/f-Rauschen* auf, das seine Ursache in statistischen Schwankungen von Grenzflächenzuständen hat. Es macht sich vor allem bei tiefen Frequenzen bemerkbar, so dass es im Hochfrequenzbereich vom thermischen Rauschen und Schrotrauschen überdeckt wird.

Eine mathematische Beschreibung des zeitlichen Signalverlaufs des Rauschens ist nicht möglich. Insbesondere kann der Signalverlauf nicht für die Zukunft vorhergesagt werden. Im Gegensatz zu Sinussignalen beschränkt man sich bei Rauschsignalen auf die Angabe von Mittelwert und Varianz, wobei man sich der Methoden der statistischen Signaltheorie bedient [Schiek und Siweris 1990]. Die meisten Rauscheffekte gehorchen bezüglich der Verteilung ihrer Amplituden x der Gauß'schen Normalverteilung:

$$p(x) = \frac{1}{\sqrt{2\pi\sigma^2}}\, e^{-\frac{1}{2}\left(\frac{x-\mu}{\sigma}\right)^2}\,, \tag{2.1}$$

die durch die Angabe des Mittelwertes μ und der Streuung σ beschrieben wird, wobei man $p(x)$ als Dichte bezeichnet. Obgleich die Wahrscheinlichkeit für große Rauschamplituden gering ist, sind dennoch beliebig große Amplituden möglich. Neben diesen vereinzelt auftretenden großen Spitzenwerten des Eigenrauschens existiert das Interferenzrauschen. Dieses hat seine Ursache in Schaltungen im Einflussbereich einer sie störenden Umgebung, z. B. in kapazitiven und induktiven Kopplungen von Übertragungsleitungen von Rundfunksendern und in Kabelbewegungen, Luftzirkulationen usw.

Zur Elimination aller Störungsarten müssen diese bekannt sein. Meistens gibt es bei realen Anwendungen keine exakten und verlässlichen Informationen über enthaltene Störungen in den Daten. Da sie teilweise einen sehr großen Einfluss auf die Datenqualität und damit auch auf die sich anschließenden Auswerteverfahren besitzen, sollen typische Störungen für spätere Simulationen im Folgenden modelliert werden.

2.3.2 Modellierung der Störungen

Im Allgemeinen ist es schwierig, Störungen realer Messungen zu parametrisieren. Darum können nicht alle Rausch– und Störeinflüsse in einer Vorverarbeitungsstufe eliminiert werden, so dass sie die Güte einer Fusion verschiedener Sensordaten beeinträchtigen. Um trotzdem die Qualität eines Fusionsverfahrens beurteilen zu können, sind geeignete Simulationen notwendig. Diese bestehen einerseits aus der Simulation einer idealen Messung und andererseits aus zu addierenden Störbeiträgen, die für einen Anwendungsfall anzunehmen sind. An dieser Stelle wird deshalb ein verallgemeinertes Störmodell aus Einzelbeiträgen zusammengesetzt, welches versucht, prinzipiell in der realen Umwelt vorkommende Störungen nachzubilden. Darin sind folgende Komponenten berücksichtigt:

- Kanalrauschen,
- Offsetfehler,
- Kanaldrift,
- korrelierte Signalspitzen, sog. Spikes,
- einmalige oder periodische Ausreißer,
- Sättigung und
- Totalausfall der Sensoren.

Das Kanalrauschen vereinigt im Wesentlichen die zuvor aufgeführten Rauscharten des thermischen und des Schrotrauschens. Es hat typischerweise „weißen" Charakter, d. h. es ist frequenzunabhängig [Tietze und Schenk 1991]. Daher kann das Kanalrauschen in der Simulation numerisch durch normalverteilte Zufallszahlen in einem gegebenen Intervall erzeugt und dem Messsignal additiv überlagert werden, wie in Abbildung 2.4 gezeigt. Dadurch wird der Erwartungwert jedoch größer als null, was die Fehlerbewertung erschwert.

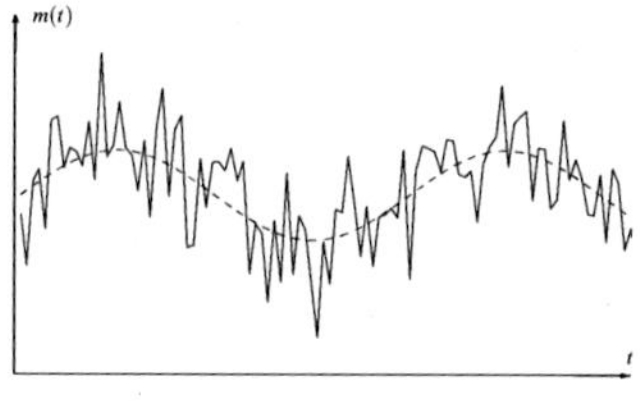

Abbildung 2.4: Sinusförmiges Sensorsignal mit überlagertem gauß'schen Rauschen.

Ist eine Antenne nicht exakt kalibriert worden, kann es zu konstanten Offsetfehlern [Tietze und Schenk 1991] am Ausgang kommen. Man erkennt sie daran, dass der gemessene Signalverlauf zu positiven oder negativen Werten hin gleichmäßig verschoben wurde (siehe Abb. 2.5). Dabei handelt es sich um einen systematischen Fehler, da jeder Messvorgang betroffen ist. Offsetfehler treten häufig auch in Verstärkerstufen oder bei der Digitalisierung der Messwerte auf. Allgemein ist es schwierig, die konstante Abweichung der Messwerte vom eigentlich gewünschten „wahren" Wert im

Nachhinein zu ermitteln, wenn nicht zusätzlich Kalibriermessungen vorgenommen werden. Es ist aber möglich, sie in einer Vorverarbeitungsstufe mittels einer Nullmessung, d. h. ohne anliegendem Sensorsignal zu detektieren und danach zu eliminieren. Die Simulation dieser Störung ist sehr einfach, da zu allen vorhandenen Messdaten nur ein beliebiger konstanter Wert addiert werden muss.

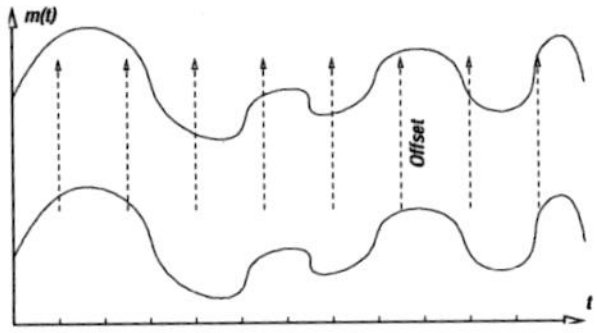

Abbildung 2.5: Offsetverschiebung der Messwerte.

Schwieriger wird die Detektion solcher Offsetfehler, wenn sie nicht konstant auftreten, sondern sich langsam während einer Messreihe ändern. Dann spricht man von Kanaldrift (siehe Abb. 2.6). Problematisch ist diese Drift vor allem dann, wenn nicht alle Kanäle gleichzeitig betroffen sind, da sie das Verhältnis der Messwerte zueinander verändert und dadurch deren Interpretation erschwert. Bei rein mittelnden Auswertesystemen führt dieser Fehler daher oft zur völligen Unbrauchbarkeit einer Messung. Für die Simulation kann eine Drift durch die Überlagerung einer Messreihe mit einer stetigen linearen Funktion approximiert werden.

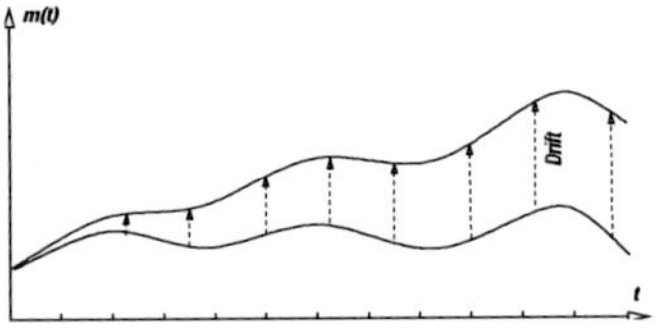

Abbildung 2.6: Messwerte mit driftendem Offset.

Mit dem Begriff der Spikes bezeichnet man in der Elektrotechnik sehr kurze, transiente Störungen, die z. B. durch elektrische Entladungen an der Messapparatur entstehen können [Tietze und Schenk 1991]. Sie treten dann typischerweise korreliert in allen Kanälen gleichzeitig auf. Die Auswirkung auf die Amplituden der verwendeten Kanäle kann jedoch unterschiedlich ausfallen. Spikes zeichnen sich meist durch extrem kurze Anstiegszeiten aus, fallen im Allgemeinen aber etwas langsamer ab. Spikes äußern sich bei der Betrachtung einer Messkurve als isolierte Punkte, die sich auf Grund der starken Amplituden deutlich von den umgebenden Messwerten abheben (siehe Abb. 2.7). Da normale Auswerteverfahren nicht unbedingt erkennen können, dass es sich bei den Spikes um fehlerhafte Messwerte handelt, stellen sie ein besonderes Problem bei der

Sensordatenverarbeitung dar. In dieser Arbeit werden Spikes durch hohe Amplituden simuliert, die den Messdaten aller Sensoren durch Addition an zufallsverteilten Positionen überlagert werden.

Abbildung 2.7: Konstante Messwerte mit überlagerten Spikes.

Unter dem Begriff der Ausreißer könnte man die zuvor erwähnten Spikes sicher ebenfalls einordnen, doch zur besseren Unterscheidung der Ursache sollen damit plötzlich auftretende, einmalige Störungen bezeichnet werden, die nur auf einem einzelnen Frequenzkanal als Amplitudenänderung auftreten. Sie können jedoch auch periodisch wiederkehren. Ausreißer sind bei der Betrachtung einer Messkurve von Rauschsignalen nur dann als solche erkennbar, wenn sie isoliert auftreten und sich in der Amplitude deutlich von den Werten der Nachbarschaft abheben (vgl. Abb. 2.8). Sie werden als positive Abweichungen bestimmter Amplitude simuliert und den einzelnen Messdaten überlagert.

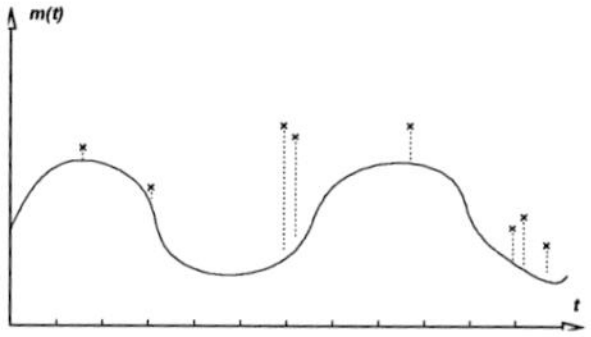

Abbildung 2.8: Messwerte mit Ausreißern.

Bei der Verwendung realer Sensoren können auch Sättigungseffekte bei sehr großen oder sehr kleinen Messwerten auftreten (siehe Abb. 2.9). Meistens liegt die Ursache darin, dass die Parameter der Sensoren nach einer erfolgten Eichung nicht richtig eingestellt wurden, d. h. diese Messwerte nicht mehr im Bereich der Übertragungskennlinie richtig abgebildet werden können. Im Sättigungsbereich verhalten sich die meisten Sensoren nichtlinear, so dass die gelieferten Werte nicht sinnvoll weiterverarbeitet werden können. In dieser Arbeit wird nur eine Übersteuerung als Sättigungsursache angenommen, so dass alle simulierten Messwerte über einem anzugebenden Wert gleichgesetzt werden.

Auf Grund unvorhersehbarer technischer Probleme kann ein Sensor gelegentlich auch komplett ausfallen. Je nachdem, wie er für diesen Fall ausgerüstet ist, liefert ein Sensor

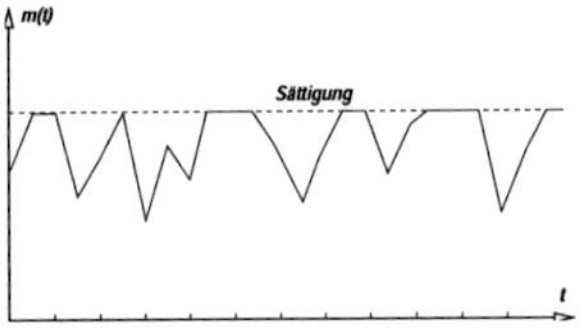

Abbildung 2.9: Messaufnahme mit Sättigungseffekt bei großen Werten.

wenigstens einen Ruhewert oder das Ausgangssignal geht beim Minimal– oder Maximalwert in die Sättigung. Ein Totalausfall ist durch die Nichtberücksichtigung eines Sensors bei der Fusion am einfachsten zu simulieren. Die Berücksichtigung konstanter Werte ist komplizierter, so dass dieser Fall in den Beispielsimulationen nicht auftritt.

2.4 Anwendungsgebiete von Sensorfusionverfahren

Bei der Sensorfusion handelt es sich um ein Querschnittsthema, da sie heutzutage in vielen Anwendungsgebieten Verwendung findet. Bisher werden vielfach Fusionssysteme für militärische Zwecke aufgebaut, vorwiegend zur automatischen Zielerkennung und –identifikation, Führung autonomer Fahrzeuge, Luftraumüberwachung und für begrenzt automatische Schlussfolgerungssysteme, z. B. der Beurteilung befreundeter oder feindlicher Objekte. Vor allem durch deren finanzielle Förderung wurde die Sensorfusions–Technologie schnell von einer losen Anhäufung ähnlicher Technik zu einer sich entwickelnden wahren Ingenieursdisziplin mit standardisierter Terminologie, einer Sammlung robuster mathematischer Techniken und bewährten Systemdesign–Prinzipien [Hall und Llinas 1997]. Auf dem Gebiet der Datenfusionsanwendungen wird in kommerziellen Märkten auch Software bereit gestellt [Hall und Llinas 1991].

Nichtmilitärische Anwendungen finden sich vorwiegend in der Fernerkundung, medizinischen Diagnosesystemen, der Überwachung von Fertigungsprozessen, der Wartung komplexer Maschinen und der Robotik. Diesen Bereichen kommt auch eine wachsende Bedeutung bei der Herstellung von Technologien in Schlüsselfeldern des Wettbewerbs zu. Allen ist gemein, dass sie eine Datenverarbeitung benötigen, die sich einer kontinuierlich ändernden Umwelt anpasst. Die Verfahren der Sensorfusion haben sich während der letzten Jahre stark verbreitet und sind methodisch breit gefächert, was in Kapitel 2.6 verdeutlicht werden soll. In den meisten Anwendungsgebieten ist es notwendig, ein möglichst breites Spektrum an Information zu sammeln. Dies ist durch die Verwendung eines einzigen Sensors selten zu erreichen (siehe Kapitel 2.1). Um zusätzliche

Informationen über ein Untersuchungsgebiet bzw. –objekt zu erhalten, werden deshalb mehrere unterschiedliche Sensoren eingesetzt. Die enthaltene Redundanz soll vorwiegend die Sicherheit einer Auswertung erhöhen. Diese zwei Gründe spielen bei den im Folgenden kurz vorgestellten Anwendungsbereichen eine wichtige Rolle [Brooks und Iyengar 1998]:

- **Luft- und Raumfahrt:** Zur sicheren Führung und Überwachung von Flugzeugen bei einer stetig wachsenden Verkehrsdichte im Luftraum sowie auf Flughäfen sind mehrere Radarantennen notwendig. In kritischen Gebieten werden mehrere redundante Antennen eingesetzt [Meier 1998]. Luftverkehrskontrolleure haben im Allgemeinen nicht die Zeit, einzelne Radareingänge auf ihre Richtigkeit zu überprüfen, so dass solche Systeme relativ autonom auch Entscheidungen treffen müssen. Eine wichtige Randbedingung ist natürlich, dass kein Leben durch technische Fehler gefährdet wird. Im militärischen Bereich weitet die Identifizierung eines Objektes diese Aufgaben noch aus, indem zusätzlich Spektren ausgewertet werden, um feindliche von befreundeten Flugzeugen zu unterscheiden.

- **Fernerkundung:** Ein immer größer werdendes Anwendungsgebiet der Fusionstechnologie ist die Fernerkundung. Von Satelliten und Flugzeugen wird unsere Umwelt laufend mit den vielfältigsten Sensoren überwacht, um dem Menschen wertvolle Informationen über verschiedene Umweltaspekte zu liefern. Man benötigt diese z. B. zur Wettervorhersage und zur Beobachtung von Wirbelstürmen. Bodenbeobachtungssatelliten messen Veränderungen der Umwelt, z. B. um Verschmutzungen, die das Ökosystem gefährden, zu detektieren [Hollinger, Peirce und Poe 1990]. In den letzten Jahren wurden zusätzlich Infrarot–Systeme eingesetzt, um das Wachstum von Getreide zu überwachen und Erntevorhersagen zu treffen. Neue Lasertechnologien und Mikrowellenradiometer werden genutzt, um Ölverschmutzungen auf der See zu verfolgen [Hengstermann und Reuter 1990; Grüner und Schreiber 1995; Bundesministerium für Verkehr (BMV) 1998]. Auch die Ozonschicht, die Vergrößerung des abgeholzten Regenwaldes und die sich ausweitenden Wüsten können neben den sich verringernden Flächen von Süßwasserseen mit Hilfe unterschiedlichster Fernerkundungssysteme beobachtet werden. Die Verwendung vieler Sensoren zur selben Zeit macht eine Fusion der anfallenden Daten erforderlich, um eine interessierende Größe möglichst genau zu bestimmen.

- **Robotik:** Auf Grund des international stärker werdenden Wettbewerbs wird die Industrie dazu gezwungen, ihre Produkte effizienter herzustellen. Das führt zwangsläufig zu einer erhöhten Automatisierung durch den Einsatz von Industrierobotern. Da diese bisher nicht in der Lage sind, auf unvorhergesehene Umstände zu reagieren, werden neue Robotertypen entwickelt, die mehr Sensorik benötigen, um zusätzliche Informationen über ihre Umgebung zu sammeln. Diese neuen

Robotertypen sollen einerseits dabei helfen, die Produktivität zu steigern; andererseits sollen sie zur Humanisierung der Arbeitsplätze beitragen. Produktionsassistenten sollen demnach Aufgaben in Interaktion mit dem Menschen erledigen, d. h. ihn unterstützen [Morpha 1999]. Autonome oder ferngesteuerte Roboter werden vorwiegend bei der Arbeit in gefährlicher Umgebung eingesetzt, um den Menschen zu schützen. Um z. B. die Ursache eines Schiffsunglückes auch bei widrigen Wetterbedingungen herauszufinden oder sich in Minenfeldern zu bewegen, werden meist Systeme eingesetzt, die mindestens zwei Sensoren nutzen. Roboter werden ebenfalls zur Erkundung für Raumfahrt- und Unterwassermissionen konstruiert. Solche Geräte müssen daher sehr robust und vor allem in der Lage sein, in unvorhersehbaren und volatilen Umgebungen mit gleichbleibender Präzison zu arbeiten. Eine leicht verständliche Übersicht über die moderne Roboterforschung geben Dorigo und Colombetti [1998] sowie Menzel und D'Auisio [1999].

- **Medizin:** Heutzutage werden in Krankenhäusern mehr technische Systeme zur Diagnose von Krankheiten eingesetzt als früher. Durch den Einsatz mehrerer Sensoren wird das Ziel verfolgt, geeignete und verlässliche Informationen zur Diagnose zu gewinnen. Dazu werden mehr und mehr bildgebende Sensorsysteme genutzt, wie die Computertomographie und Ultraschallmessungen. Zur Navigation bei der Präzisionschirurgie, d. h. der Überwachung und Koordination des Einsatzes mehrerer Instrumente, werden diese Aufnahmen ebenfalls eingesetzt. Beispiele zeigen Berlemann et al. [1997] und Vorbeck et al. [2000]. In diesen Artikeln sind weitere Literaturhinweise zur Vertiefung dieses Gebietes aufgeführt.

- **Verkehr:** Um die Sicherheit des Schiffsverkehrs zu gewährleisten und Wettervorhersagen zu erlauben, werden bereits meteorologische Daten gesammelt und ausgewertet. Auch die Positionsmessungen mittels GPS gelten mittlerweile als Standard. Zur Gesundheitsvorsorge sind Messungen der Luftverschmutzung und ein geregelter Fahrzeugfluss von gesellschaftlichem Interesse [Schnabel und Lohse 1997]. Für die Sicherheit im Straßenverkehr müssen die Geschwindigkeiten überwacht und mögliche Hindernisse frühzeitig detektiert werden [Handmann et al. 2000]. Dies kann zu einem Verbundsystem mehrerer Sicherheitssysteme in einem Kraftfahrzeug führen. Die computergestützte Bildverarbeitung soll den Fahrer bei der Lenkung des Fahrzeuges unterstützen und ihn auf Gefahrenpotenziale aufmerksam machen [Dickmanns 1997; Handmann et al. 1998]. In diesen Systemen werden immer mehrere, teilweise verschiedene Sensoren eingesetzt.

Diese, wenn auch nicht ganz vollständige Aufzählung möglicher Anwendungen der Multisensor–Datenfusion beinhaltet im Grunde genommen alle Systeme, die eine Signalverarbeitung einschließen. In modernen Industriegesellschaften, die stark auf Kommunikation und Information bauen, ist die Ansammlung verlässlicher Daten und deren

Interpretation von größter Bedeutung. Die aufgeführten Anwendungsgebiete erfordern anpassungsfähige und flexible Fusionssysteme, um die Menge der aufgenommenen, störungsbehafteten Daten in natürlicher Umgebung verarbeiten und verlässliche Ergebnisse liefern zu können. Die Datenfusion wird deshalb zu einem wichtigen Bestandteil moderner Entscheidungsfindungsprozesse. In dieser Arbeit beschränke ich mich auf ein Beispiel aus der Fernerkundung, das exemplarisch für andere Fusionsprobleme gewählt wurde, da in dem System fast alle Probleme auftreten, die es in einer zu entwickelnden Fusionsarchitektur zu berücksichtigen gilt. Dieses Fernerkundungssystem, das mehrere Sensoren umfasst, aus deren Daten Informationen über Ölverschmutzungen auf der Seeoberfläche extrahiert werden sollen, wird im nächsten Unterkapitel erläutert.

2.5 Fernerkundung von Ölverschmutzungen

In dieser Arbeit wird das Beispiel der Dickenmessung von Ölverschmutzungen auf der Meeresoberfläche genutzt, um die beschriebene Problematik bei der Fusion von Messungen eines multispektralen Sensorsystems in natürlicher Umgebung wegen der vielfältigen Störungsarten zu demonstrieren. Wie sich herausstellen wird, ist das während dieser Arbeit entwickelte Verfahren besonders geeignet, stark verrauschte verschiedenartige Sensordaten bezüglich einer eindeutigen Dickenschätzung des verteilten Öles zu fusionieren.

Die Sensordaten werden bei Messflügen über der verschmutzten See gewonnen [Bundesministerium für Verkehr (BMV) 1998]. Dazu wird ein modernes Multisensorsystem eingesetzt, bestehend aus einem Mikrowellenradiometer (MWR) mit drei Frequenzkanälen, bildgebenden Sensoren im infraroten (IR) und ultravioletten (UV) Bereich sowie einem aktiven System wie dem Laserfluorosensor (LFS) [Hengstermann und Reuter 1990]. Das Messprinzip des MWR basiert auf der Wechselwirkung elektromagnetischer Wellen mit verschiedenen Substanzen auf der Meeresoberfläche [Janza 1975; Schanda 1986; Vowinkel 1988]. Die elektromagnetische Strahlung wird als Intensität durch die passiven Sensoren gemessen. Auf Grund der verschiedenen Wellenlängen kann man Aufschluss über unterschiedliche Öldicken im Bereich von wenigen Mikrometern bis zu einigen Zentimetern erlangen. Die IR und UV-Sensoren geben wegen ihrer Messfrequenzen Informationen über extrem dünne Öldicken und die Ausmaße einer Verschmutzung. Der Laserfluorosensor liefert mit dem in zwölf Kanälen aufgenommenen Floreszenzspektrum vorwiegend Daten zur Klassifikation der Ölart [Grüner et al. 1996; Reuter et al. 1993], kann aber auch zur Schätzung der Öldicken bis $20\,\mu m$ herangezogen werden. Da er jedoch eine viel geringere räumliche Auflösung aufweist, wird er bisher nicht in die Auswertung miteinbezogen.

Bei diesem Beispiel handelt es sich zunächst um eine reine Datenfusionsaufgabe, da eine Informationskombination mehrerer Sensoren in unterschiedlichen Frequenzbändern mit gleicher Dimensionalität, gleichem Format und gleichen Datenraten erfolgt. Dies soll sofort im Anschluss an die Datenaufnahme auf der Pixelebene geschehen. Es soll in dieser Arbeit zweitens darum gehen, die gemessenen Daten der drei Mikrowellenradiometer so zu fusionieren, dass daraus die Verteilung der Schichtdicke einer Ölverschmutzung und das Gesamtvolumen zuverlässig geschätzt werden können. Das soll auch dann gewährleistet sein, wenn sich die Randbedingungen in der natürlichen Umwelt ändern, vor allem durch sich ändernde Wetterbedingungen und weitere Störeinflüsse auf Grund des physikalischen Messsystems. Die Interpretation des Fusionsergebnisses als physikalische Dickenverteilung bedarf jedoch noch einer geeigneten Abbildung und Normierung. Um die besonderen Probleme und die spezifischen Eigenschaften einer Radiometeraufnahme besser zu verstehen, werden zunächst kurz die Grundlagen der Mikrowellenradiometrie erläutert.

2.5.1 Kurze Einführung in die Mikrowellenradiometrie

Unter dem Begriff Mikrowellenradiometrie versteht man das Messen elektromagnetischer Strahlungsleistung bei Frequenzen im Gigahertzbereich (entspricht Wellenlängen zwischen 0.3 mm und 30 cm), die jeder Körper im thermodynamischen Gleichgewicht bei einer Temperatur T auf Grund der ständigen Bewegung seiner Atome und Moleküle emittiert [Schanda 1986]. Da diese Strahlung aus einer großen Zahl unkorrelierter Wellenzüge unterschiedlicher Phase und Amplitude bzw. Frequenz ν resultiert, die sich isotrop und unpolarisiert in alle Richtungen ausbreitet, bezeichnet man sie auch als Rauschstrahlung. In der Thermodynamik benutzt man die spektrale Strahlungsdichte B_ν zur Beschreibung der elektromagnetischen Strahlungsleistung, die von einem Körper pro Oberflächeneinheit und Frequenzintervall in die Raumwinkeleinheit abgestrahlt wird. Das Strahlungsverhalten eines idealen Absorbers bzw. Emitters, ein sogenannter *schwarzer Körper*, wird durch das *Planck'sche Strahlungsgesetz* und für $h\nu/kT \ll 1$ bei $T < 300K$ durch dessen Spezialfall, das *Rayleigh-Jeans-Gesetz* beschrieben:

$$B_\nu = \frac{2kT}{\lambda^2} \qquad (B_\nu \sim T)\,. \tag{2.2}$$

Dabei bezeichnet k die Boltzmannkonstante ($1.38 \cdot 10^{-23}$J/K), λ die Wellenlänge bzw. ν die Frequenz. Die Bedeutung dieser Näherung liegt darin, dass die spektrale Strahlungsdichte B_ν direkt proportional zur absoluten oder physikalischen Temperatur T des schwarzen Körpers ist. Die Summe der gemessenen Strahlungsleistung wird im Allgemeinen als *Helligkeit* (engl. *brightness*) bezeichnet [Janza 1975]. Somit folgt die Definition der radiometrischen bzw. Strahlungstemperatur T_B, die allgemein in der Radiometrie (analog zur Optik) als Messgröße benutzt wird:

$$T_B = \frac{c^2}{2k\nu^2} B_\nu\,. \tag{2.3}$$

Darin beschreibt c die Lichtgeschwindigkeit ($\approx 3 \cdot 10^8$m/s). Auch die gemessene Strahlungsleistung P von Antennen kann analog zur Rauschleistung eines elektrischen Widerstandes als äquivalente Rauschtemperatur T beschrieben werden [Nyquist 1928]:

$$P = kT\Delta\nu, \tag{2.4}$$

wobei $\Delta\nu$ die Bandbreite des Empfängers darstellt. Eine detaillierte Erklärung für die Anwendbarkeit von Gleichung 2.4 geben Hachenberg und Vowinkel [1982].

In der Realität hat man es jedoch nicht mit schwarzen Körpern, sondern mit „grauen Körpern“ zu tun, die nicht alle einfallende Strahlung absorbieren, sondern einen Teil reflektieren. Zu ihrer Beschreibung wurde der Emissionskoeffizient e eingeführt, der sich aus dem Verhältnis der Strahlungstemperatur des beobachteten Objektes T_B und der des Schwarzkörpers derselben physikalischen Temperatur T berechnet:

$$T_B = eT\,. \tag{2.5}$$

Dieser Faktor e reduziert die Strahlungstemperatur auf Werte T_B, die unter der physikalischen Temperatur T liegen. Beispielsweise liegt der Emissionskoeffizient von Sand und Gras bei ca. 0.9, von Beton bei 0.76 und von Wasser bei 0.45 (bei 90 GHz). Im Allgemeinen hängt der Emissionskoeffizient eines Objektes von der Frequenz, der Polarisation, dem Beobachtungswinkel, dem Material und dessen Oberflächenbeschaffenheit ab.

Nach dem Kirchhoff'schen Strahlungsgesetz ist das Verhältnis aus Emissions– und Absorptionskoeffizient (e bzw. a) für jeden Körper im thermodynamischen Gleichgewicht konstant und unabhängig vom Material [Vowinkel 1988]: $e = a$. Objekte mit rauhen Oberflächen haben einen größeren Absorptionskoeffizienten als solche mit glatten Oberflächen desselben Materials [Schanda 1986; Janza 1975]. Der Reflexionskoeffizient r ist durch $r = 1 - e$ definiert [Schanda 1976]. Auf Grund der Energieerhaltung ergeben alle Anteile aus Reflexion, Absorption und Transmission zusammengefasst:

$$e + r + t = 1\,, \tag{2.6}$$

wobei der Transmissionskoeffizient t bei sehr dichten Körpern wie festen Stoffen oder auch Öl so gering ist, dass er vernachlässigt wird.

Die gesamte, vom Radiometer gemessene Strahlung besteht aus einer thermisch emittierten und einer reflektierten Komponente:

$$T_B = eT_{Objekt} + rT_{Umgebung}\,. \tag{2.7}$$

Dabei stellt $T_{Umgebung}$ die Hintergrundstrahlung dar, die vorwiegend aus der Umgebungsstrahlung eines Objektes T_{Hgrd} und der reflektierten Himmelsstrahlung $T_{Him,ref}$ besteht, die sich hauptsächlich aus der kosmischen Strahlung T_{kos} von ca. 3 K und der Atmosphärenstrahlung T_{Atm} (bei klarem Himmel ca. 50 K) zusammensetzt [Vowinkel 1988], wenn flugzeug– oder satellitengetragene Radiometersysteme benutzt werden und die Sonnenstrahlung nicht direkt in die Antenne fällt. Diese Strahlungsbilanz ist grafisch in Bild 2.10 dargestellt. T_{Objekt} bezeichnet die interessierende Strahlung des beobachteten Objektes.

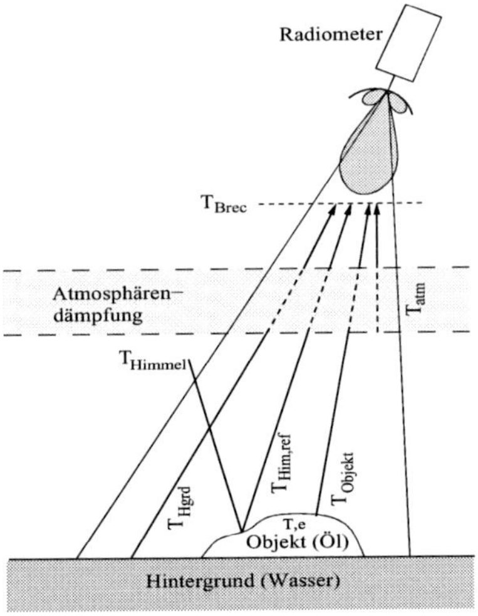

Abbildung 2.10: Strahlungsbilanz eines Radiometers für ein beobachtetes Objekt mit Hintergrund (z. B. Ölschicht auf Wasser).

2.5.2 Charakteristik der Sensordaten

Grundsätzlich wird durch ein Radiometer die natürliche Rauschstrahlung in einem bestimmten Frequenzbereich innerhalb der von der benutzten Antenne abhängigen ausgeleuchteten Fläche am Boden, dem sogenannten Footprint gemessen. Wie in Abb. 2.11 dargestellt, besteht ein Radiometer prinzipiell aus Antenne, Frequenzumsetzer (Mischer), Verstärkern, Bandpassfiltern und Detektor. Generell werden Verstärker in hohen Frequenzbereichen (über 30 GHz) nicht verwendet, da sie zu hohe Rauschbeiträge liefern und so die Empfindlichkeit des Radiometersystems erheblich verringern.

Für die Qualität einer Messung wichtig sind das *räumliche* und das *radiometrische Auflösungsvermögen*. Das räumliche Auflösungsvermögen wird vorwiegend durch die Eigenschaften der Antenne (Art, Strombelegung, Richtwirkung) bestimmt [Ulaby et al.

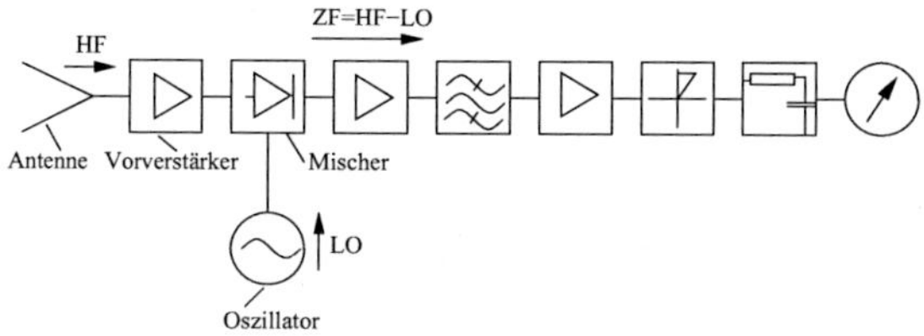

Abbildung 2.11: Total–Power–Radiometer als Superheterodynempfänger [Hachenberg und Vowinkel 1982].

1981] und meistens mit der Halbwertsbreite oder 3dB–Breite $\Delta\theta$ charakterisiert:

$$\Delta\theta \approx 72^\circ \frac{\lambda}{D} . \tag{2.8}$$

Damit ist das räumliche Auflösungsvermögen proportional zur Wellenlänge λ der verwendeten Antenne mit Aperturdurchmesser D. Der Faktor 72 wird durch die oben genannte Strombelegung bestimmt.

Das radiometrische Auflösungsvermögen ist die kleinste nachweisbare Änderung der Temperatur, die am Ausgang des Systems noch unterschieden werden kann. Sie ist abhängig von der Systemrauschtemperatur T_{sys}, der Bandbreite $\Delta\nu$, der Integrationszeit τ und den Verstärkungseigenschaften des Empfängers, die hier jedoch vernachlässigt werden. Für den einfachsten Radiometertyp nach Abbildung 2.11 gilt folgende Beziehung [Evans und McLeish 1977; Hachenberg und Vowinkel 1982]:

$$\Delta T = \frac{T_{sys}}{\sqrt{\Delta\nu\tau}} . \tag{2.9}$$

Dabei setzt sich die Systemrauschtemperatur aus einer dem Eigenrauschen der Empfängerbauteile äquivalenten Temperatur T_R und der Antennentemperatur T_A zusammen:

$$T_{sys} = T_R + T_A$$

. Die Antennentemperatur besteht aus der Summe der Strahlungstemperaturen T_B aus allen Raumrichtungen θ und ϕ (zusammengefasst im Raumwinkelelement $d\Omega = \sin\theta\, d\theta\, d\phi$), gewichtet mit dem Richtdiagramm $P(\theta,\phi)$ der Antenne, siehe auch Abb. 2.10. Grundsätzlich besteht die Messung bei einem abbildenden Radiometersystem darin, dass die Antenne mit ihrer Charakteristik über das zu untersuchende Objekt geführt wird. Mathematisch entspricht dieser Vorgang einer Faltung:

$$T_A = \frac{1}{\Omega_A} \int T_B(\theta,\phi) P(\theta,\phi)\, d\Omega , \tag{2.10}$$

wobei Ω_A den Füllfaktor, also die normierte Summe des Richtdiagramms beschreibt. Den Einfluss des Antennendiagramms auf ein modelliertes Strahlungstemperaturprofil zeigt Abbildung 2.12 für zwei Antennen verschiedener Halbwertsbreiten. Dabei werden sprunghafte Änderungen des Strahlungstemperaturverlaufes durch die Summenbildung mehr oder weniger stark geglättet.

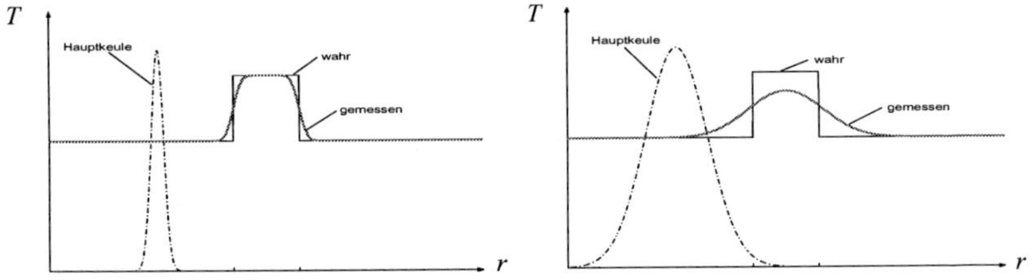

Abbildung 2.12: Gewichtung eines Strahlungstemperaturprofils über dem Ort r für Antennendiagramme geringer (links) und großer Halbwertsbreite (rechts).

2.5.3 Problematik der Öldickenbestimmung

Das Hauptproblem eines Sensorfusionssystems liegt in der geeigneten Kombination aller Informationen und in der Umsetzung redundanter und teilweise mehrdeutiger Informationen der Sensorsignale in präzise Schätzungen der Öldicken. Der Einfluss unterschiedlicher Randbedingungen der Messung auf Grund sich stetig ändernder Wetterbedingungen und verschiedener weiterer Störeinflüsse wurde schon erwähnt. Ein weiteres Problem besteht darin, dass keine räumlich aufgelösten Kalibriermessungen der verteilten Ölflecke verfügbar sind, sondern bei den Testmessungen nur deren Gesamtmenge bekannt war.

Die Untersuchung der realen Messdaten begründet die Notwendigkeit einer Vorverarbeitung der Daten. Die gemessenen Helligkeiten sind abhängig vom Einfallswinkel der Antennen. Beide Messeinheiten des Mikrowellenradiometers nehmen abwechselnd je eine Zeile quer zur Flugrichtung auf und schwenken dabei die Antennen bis zu 36° aus, wenn man vom Rollen des Flugzeuges einmal absieht (siehe Abb. 2.13 aus Grüner und Aumiller [1982], Vowinkel et al. [1983]). Dabei erhöhen sich Einfallswinkel und zurückzulegende Strecke der Strahlung, was zu höheren gemessenen Helligkeiten führt. Dieser Zusammenhang wird in Ulaby et al. [1981] erläutert. Normiert man daher die Messzeilen mit Hilfe des Strahlungsverhaltens der Zeilen bei unverschmutzter See, brauchen nur noch Änderungen der gemessenen Helligkeiten berücksichtigt zu werden. Somit wird die Abhängigkeit der Helligkeiten vom Scanwinkel des Radiometers eliminiert. Bezüglich der unterschiedlichen geometrischen Position der Antennen bei der Aufnahme – die drei Radiometerantennen fokussieren nicht alle genau mittig in den umlenkenden Parabolspiegel – müssen die Daten außerdem entzerrt werden, was durch geometrische Transformationen geleistet wird.

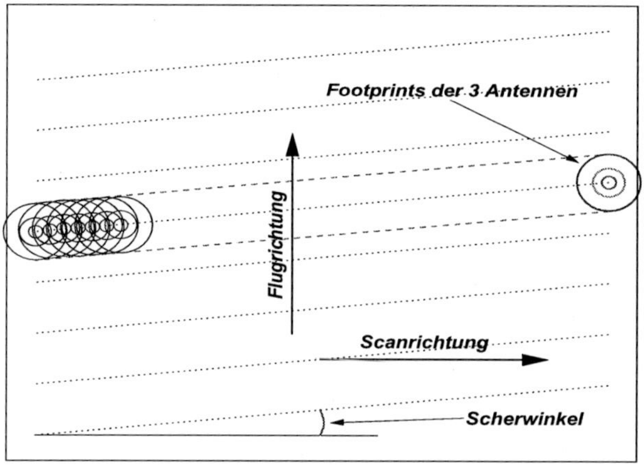

Abbildung 2.13: Aufnahmegeometrie und Scherungseffekt in Folge der Eigenbewegung des Flugzeuges.

Außerdem besitzen die Messungen in den drei benutzten Frequenzkanälen verschiedene geometrische Auflösungen, da der Messvorgang einer Faltung des zu beobachtenden Gebietes mit unterschiedlichen Faltungskernen entspricht [Moore 1975]. Diese sind durch die Antennencharakteristika der verwendeten Hornantennen gegeben [Griebel et al. 1992]. Abbildung 2.14 zeigt diese Problematik schematisch. Die Elimination dieser Effekte würde jedoch numerisch sehr aufwendige Rückfaltungen notwendig machen, so dass diese Verfälschung der Messdaten unberücksichtigt blieb. Sie wird bei dem in dieser Arbeit vorgestellten Verfahren jedoch durch die Betrachtung eines unterschiedlich großen Nachbarschaftsbereiches integriert. Eine andere Möglichkeit der Auflösungsverbesserungen mit Hilfe der Maximum-Entropie-Methode wurde in Winkel [1993] untersucht.

Zusätzlich ergeben sich Mehrdeutigkeiten eines Sensors bezüglich der Dickeninterpretation auf Grund von Interferenzeffekten in einer Ölschicht. Dies zeigt ein vom DLR (Deutsches Zentrum für Luft- und Raumfahrt) entwickeltes, vereinfachtes physikalisches Modell der Abhängigkeit der Helligkeiten von der Dicke einer Ölverschmutzung [Hengstermann et al. 1996]. Das Modell beruht auf der Annahme der Reflexion von Wellen an geschichteten ebenen Medien, beinhaltet jedoch nicht den Messvorgang oder weitere Randbedingungen. In Abbildung 2.15 ist der theoretische Verlauf der entsprechenden Helligkeitstemperaturzunahme bei drei Frequenzen für den Nadir-

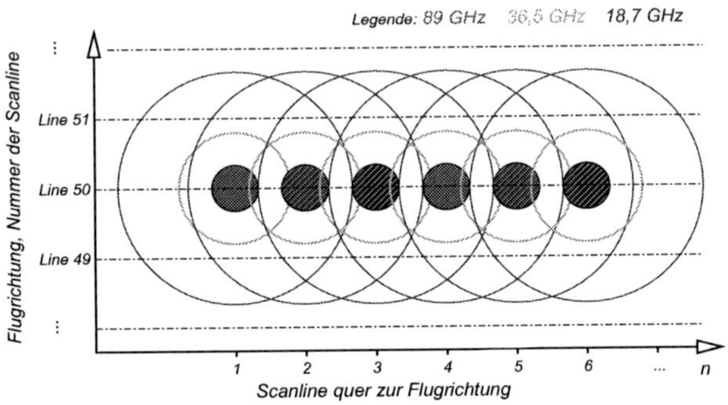

Abbildung 2.14: Radien und Position der Antennenfootprints für mehrere Messpunkte der quasi 2D-Messung.

fall (Aufnahme erfolgt senkrecht zur Oberfläche) zu sehen. Um diese Mehrdeutigkeit aufzulösen, werden die drei Mikrowellenradiometer bei Frequenzen von 18.7, 36.5 und 89.0 GHz eingesetzt, so dass zusätzliche als auch teilweise redundante Informationen über die Verteilung der Öldicken zur Verfügung stehen. Mit den verwendeten Wellenlängen lassen sich Öldicken im Bereich von 50 μm bis zu einigen mm detektieren. Die Mehrdeutigkeiten können in dem entwickelten Verfahren (Kapitel 4) als unabhängige Informationsbeiträge bei der Fusion der Sensordaten berücksichtigt werden. Dadurch erhofft man sich eine präzisere Schätzung der tatsächlichen Öldicke.

Problematisch bei der Auswertung sind auch die verschiedenen Kalibrier– und Sättigungsebenen sowie kurze zeitliche Ausfälle der Sensoren, weißes Rauschen, einzelne Ausreißer auf Grund elektrischer Entladungen und andere Störungen, die bereits in Kapitel 2.3.1 aufgeführt wurden. Ein zusätzliches Radiometer, das sogenannte Zenitradiometer, welches den Himmel als Referenzquelle untersucht, wird zur laufenden Rekalibrierung der Sensormesswerte benutzt und ist somit für die auftretenden Offsetsprünge in den Daten verantwortlich. Durch den Einsatz des Zenitradiometers soll erreicht werden, dass bei allen Wetterbedingungen immer der volle Dynamikbereich der Verstärker genutzt wird, was jedoch zu Problemen bei der Auswertung der Daten führt.

2.6 Bekannte Verfahren zur Sensorfusion

Das Hauptproblem bei der Sensorfusion ist der Umgang mit unsicheren Sensordaten. Wenn diese vollkommen verlässlich und exakt wären, würde eine Fusion der Sensormessungen ein einfacher und geradliniger Vorgang sein. Das ist jedoch meistens nicht

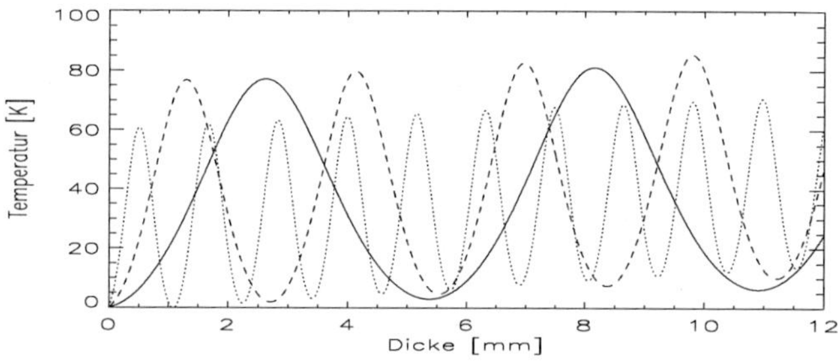

Abbildung 2.15: Theoretischer Zusammenhang zwischen der Helligkeitstemperaturzunahme in *K* und der Dicke *d* einer Ölverschmutung in *mm* der drei Frequenzbereiche (punktiert: 89 GHz, gestrichelt: 36 GHz, durchgezogen: 18 GHz) bei Annahme unendlich ausgedehnter Flächen und ohne Berücksichtigung eines Messverfahrens [Hengstermann et al. 1996].

der Fall. In vielen Fällen ist es deshalb genauso wichtig, die Messunsicherheiten zu kennen als auch den exakten Sensormesswert zu erhalten. Daher lassen sich Verfahren zur Sensorfusion nach dem Umgang mit den Messunsicherheiten einteilen, wobei diese Unterscheidung auch nicht immer eindeutig sein kann. Wenn man vom einfachen Fall absieht, bei dem die Standardabweichung aller Messwerte sehr gering ist, lassen sich vier Kategorien für Sensorfusionsverfahren aufstellen:

- **Wahrscheinlichkeitsfunktionen:** Jeder Messung jedes Sensors wird bezüglich aller möglichen Messungen eine Wahrscheinlichkeit zugeordnet, die zwischen 0 und 1 liegt. Diese werden zum Beispiel mit Hilfe der Bayes'schen Regel kombiniert.

- **Statistische Methoden,** bei denen die Sensormessungen einer bekannten Verteilung folgen. Mehrere Messungen können kombiniert werden, um daraus Schlüsse über die benötigten Parameter zu ziehen und möglicherweise die Varianz der Verteilung zu erhalten.

- **Fuzzy Logic:** Jede Messung kann als Zugehörigkeitsfunktion einer Fuzzymenge angesehen werden. Regeln können zur Quantifizierung einer fusionierten Messung aufgestellt werden, welche die Werte der Zugehörigkeitsfunktion nutzt.

- **Neuronale Netze:** Jede Sensormessung kann als Eingangsvektor einem neuronalen Netz zugeführt werden, wenn gleichzeitig der zugehörige Ausgangsvektor bekannt ist. Damit lassen sich die Gewichte eines Netzes einstellen, das anschließend in der Lage ist, ähnliche Sensordaten auf einen Lösungsvektor abzubilden.

Weil jedoch keine Regel existiert, um die beste Methode für eine gegebene Anwendung auszusuchen, könnten alle Verfahren zu zufriedenstellenden Ergebnissen führen. Darum werden der Einsatz und die Datenstruktur dieser vier Möglichkeiten im Folgenden kurz vorgestellt.

Wahrscheinlichkeitsfunktionen
Eine Methode, die auf der Wahrscheinlichkeitstheorie basiert, nutzt die Bayes'sche Regel zur Fusion der Daten:

$$p(y|x) = \frac{p(x|y)p(y)}{p(x)}, \tag{2.11}$$

welche die a posteriori Wahrscheinlichkeit p angibt, dass ein Ereignis y eintritt, wenn das Ereignis x bereits stattgefunden hat. Falls $p(x|y)$, die Wahrscheinlichkeit die Messung x zu erhalten, wenn der richtige Wert y ist und das Vorwissen der Wahrscheinlichkeit, die Messung x zu erhalten, bekannt sind, erlaubt Gleichung 2.11 die Wahrscheinlichkeit $p(y)$ des exakten Wertes, die aus der Messung x abgeleitet wird, zu schätzen. Dieses Wissen kann genutzt werden, um neue Werte für $p(y)$ aus $p(y|x)$ und $p(x)$ zu berechnen, sobald neue Sensormessungen vorliegen [Brooks und Iyengar 1998].

Bei dieser Art der Sensorfusion wird auf die Wahrscheinlichkeit eines Ereignisses aus einer Serie von Sensormessungen, die als Hypothesen für ein Ereignis angesehen werden, geschlossen, wenn die bedingten Wahrscheinlichkeiten $p(x_i|y)$ der einzelnen Messungen i zur Verfügung stehen oder geschätzt werden können. Solch ein Verfahren erfordert eine vollständige Definition von Hypothesen, die sich gegenseitig ausschließen müssen. Die Zuordnung von a priori Wahrscheinlichkeiten ist bei realen Messungen jedoch meist schwierig, zumal ebenfalls die Messfehler geschätzt werden müssen. Daher kann der Ausgang einer Fusion mit Hilfe der Bayes'schen Regel nur so gut sein, wie die Eingangsdaten beschreibbar sind. Die Nutzung dieses Verfahrens zur Fusion von Sensordaten wird schnell sehr komplex, wenn es viele potenzielle Hypothesen gibt und Messungen nicht unabhängig voneinander gemacht werden können [Hall 1992].

Statistische Methoden
Statistische Methoden arbeiten mit Zufallsvariablen, die durch einen Parameter und eine Wahrscheinlichkeitsverteilung charakterisiert sind. Basierend auf bekannten Werten der Zufallsvariablen treffen statistische Methoden Entscheidungen aus mehreren Möglichkeiten und folgern daraus den Parameterwert oder die Wahrscheinlichkeitsverteilung der Zufallsvariable. In den meisten praktischen sensorbasierten Anwendungen kann die vom Sensor zur Verfügung gestellte Information in zwei Komponenten unterteilt werden: Signal und Rauschen. Bisher existiert eine Vielzahl an Rauschmodellen, so dass Rauschen z. B. als normal–, Poisson– oder Rayleighverteilt beschrieben wird. Eine Sensormessung kann darüber hinaus von additivem, meist Gaussverteiltem oder multiplikativem Rauschen überlagert sein.

Verschiedene statistische Methoden wurden vorgeschlagen, um Entscheidungen mit Hilfe einer Sensorfusion zu treffen. Die auszuwählende Methode hängt jedoch von der physikalischen Architektur des Sensornetzwerkes ab. Eine Diskussion der Sensorfusion mit robusten Statistiken kann McKendall und Mintz [1992] entnommen werden. Um Parameter bei gegebenen Rohdaten zu schätzen, wurden viele statistische Methoden entwickelt. Trotz der Entwicklung von kleinste-Quadrate Methoden, meist in der *Stereo Vision* und zur Bestimmung von Objektpositionen eingesetzt, bleibt der rekursive Kalmanfilter die dominierende Methode. Er ist das bedeutendste Ergebnis der Nutzung von Zustandsraummethoden in der Regelungstheorie. Die grundlegenden Annahmen eines Kalmanfilters sind die a priori bekannten Systemdynamiken und das (oft mittelwertfreie) additive Gauß'sche Rauschverhalten. Eine Einführung in diese Technik findet man beispielsweise in Kay [1993].

Fuzzy Logic
Fuzzy Logic ist eine Art multigewichteter Logik und wird als neue Technologie vermehrt auf Sensorfusionsprobleme angewandt. Fuzzymengen (engl. fuzzy sets) sind der traditionellen Mengentheorie ähnlich. Jedes Element eines Fuzzy Sets besitzt jedoch einen assoziativen Wert, der durch eine Zugehörigkeitsfunktion bestimmt wird, die die Stärke der Zugehörigkeit des Elementes in der Funktion quantifiziert [Waltz und Llinas 1991]. Neben Funktionen für klassische bzw. scharfe Mengen existieren noch eine Reihe möglicher Funktionen für den Ausschluss, die Vereinigung oder Schnittbildung in Fuzzymengen. Die Fuzzy Logic stellt damit ein einfaches Netzwerk zur Behandlung von Ungewissheiten zur Verfügung. Allerdings ist es schwierig angesichts der großen Zahl möglicher Umsetzungen zu sagen, welche die beste für das Beispiel der Sensorfusion ist.

Die Sensorfusion ist sehr eng mit zwei Feldern verbunden, bei denen Fuzzymengen und Fuzzy Logic mit Erfolg eingesetzt wurden, nämlich der Messtheorie und bei der Entwicklung von Reglern [Driankov et al. 1993]. Die Fuzzytechnik wurde auch bei Problemen der Mustererkennung und der Bestimmung statistischer Parameter erfolgreich eingesetzt [Klir und Yuan 1995]. Deshalb wurde versucht, Fuzzymethoden ebenfalls auf Sensorfusionsprobleme anzuwenden, wozu einige Beispiele in der Literatur zu finden sind, meistens in Verbindung mit neuronalen Netzen [Kosko 1992], genetischen Algorithmen oder Evolutionsstrategien [Rojas 1996; Jin et al. 1999]. Allerdings sind Fuzzysysteme nur dann auf komplexe, schlecht-gestellte Probleme anwendbar, wenn der Prozess und die Steuerung gut in Regeln ausdrückbar und das Wissen mehr heuristischer und qualitativer Natur ist. Außerdem ist nicht genau bekannt, welches Design nötig ist, um die Robustheit und die Stabilität des Systems zu garantieren. Eine umfassende Einführung in die Theory der Fuzzymengen und der Fuzzy Logic wird neben der Erläuterung einiger Anwendungsgebiete in Klir und Yuan [1995] und Kosko [1997] gegeben. Speziell entwickelte Software hilft [The MathWorks Inc. 1998], wesentliche Verfahren leicht anzuwenden.

Neuronale Netze
Neuronale Netze haben sich als leistungsfähiges Werkzeug zur Lösung von Schätzaufgaben etabliert, in denen ein nichtlinearer Zusammenhang zwischen beobachteten

Größen und gesuchten Zielgrößen besteht. Das liegt vor allem an der Fähigkeit der neuronalen Strukturen, eine Vielzahl an nichtlinearen Funktionen abbilden und eine Struktur datengetrieben, d. h. nur auf Grund vorhandener Messdaten, bestimmen zu können [Haykin 1994]. Das bedeutet, dass die Parameter des Netzes durch die Optimierung eines geeigneten Fehlermaßes auf der Basis von Beispieldaten ermittelt werden. In technischen Anwendungen werden meistens vorwärtsgekoppelte neuronale Netze vom Typ eines Multilayer–Perceptrons (MLP) genutzt, die den Vorteil einer guten Skalierung mit der Dimension der Eingangsmerkmale aufweisen und nichtlineare Regressionen datengetrieben lernen können. Dazu existieren verschiedene Lernverfahren. Allerdings muss sich der Entwickler eines Netzes Gedanken über die Struktur, d. h. die Anzahl der Knoten und Verbindungen machen [Bishop 1995]. Da diese Klasse der neuronalen Netze zu den überwacht trainierten Strukturen zählt, müssen genügend Beispielsätze von Ein– und Ausgangsdaten vorhanden sein, damit ein Netz durch die einmal eingestellten Gewichte der Knotenverbindungen auch generalisierungsfähig ist. Sind nicht genügend Beispielsätze von Datenpaaren vorhanden, ist dieses Verfahren zur Fusion nicht geeignet. Dies ist bei dem in Kapitel 2.5 beschriebenen realen Anwendungsbeispiel der Fall.

Daneben existiert noch die Klasse der selbstorganisierenden Netze, zum Beispiel die sogenannten *Kohonen*–Netze [Kohonen 1988], die den Vorteil besitzen, keine Vorabinformationen über korrekte Ausgangswerte zu benötigen. Diese Netze werden vielfach zur Klassifikation von Daten eingesetzt. Zur Überprüfung der einzelnen Klassen sind anschließend Stichproben bekannter Ausgangsklassen notwendig. Diese fehlen jedoch bei den Anwendungsbeispielen dieser Arbeit. Zusätzlich wurden selbstorganisierende Netze zur Erlernung von Steuerungsaufgaben (auch von Robotern) eingesetzt [Ritter, Martinetz und Schulten 1991]. Eine tiefer gehende Beschreibung mit weiteren Referenzen findet sich beispielsweise auch in Rojas [1996] oder Kohonen [1997].

Die hier aufgeführten Techniken zur Multisensor-Datenfusion erheben keinen Anspruch auf Vollständigkeit und dienen nur dazu, einen kurzen Überblick über heutige Standardverfahren zu geben. Weitere mathematische Techniken findet man beispielsweise in [Hall 1992]. Jedes dieser Verfahren hat bedeutende Nachteile, die zuvor erläutert wurden. Aus diesem Grund werden im nächsten Kapitel die theoretischen Grundlagen dynamischer Systeme dargelegt, auf deren Basis in Kapitel 4 das neuartige Sensorfusionsverfahren entwickelt wird. Dieses besitzt den Vorteil, dass vorab keine Wahrscheinlichkeiten oder Regeln zu bestimmen sind oder aufwendige Lernverfahren trainiert werden müssen.

3 Dynamische Systeme

Dynamische Systeme werden oft zur Beschreibung physikalischer Zusammenhänge in der Natur genutzt, da diese sich mit der Zeit ändern. Damit werden mathematische *Modelle* beschrieben, um die komplexen Zusammenhänge vereinfacht abzubilden. Solche Modelle verkörpern bereits gewonnene Erkenntnisse und dienen gleichzeitig der Gewinnung von neuen [Jetschke 1989]. Sie erfassen jedoch niemals alle Seiten der Realität, berücksichtigen aber unter Umständen auch zu viele Informationen.

Zum Entwurf eines Modells ist es notwendig, entsprechende physikalische Variablen zu finden, mit denen ein beobachtetes Phänomen beschrieben werden kann. Danach sind die physikalischen Zusammenhänge zu identifizieren und deren Wechselwirkungen zu bestimmen, um diese zum Beispiel in Form von Differentialgleichungen, algebraischen oder logischen Gleichungen zu modellieren. Ob ein Modell tatsächlich alle Abhängigkeiten der zu ermittelnden Größe von den gemessenen Größen, die teilweise mit unterschiedlichen Sensoren aufgenommen wurden, hinreichend exakt beschreibt, kann durch das analytisch erfasste oder anhand von Messungen bestimmte Verhalten eines Systems überprüft werden [Jackson 1991].

In dieser Arbeit wird ein nichtlineares dynamisches System entworfen, welches als mathematisches Modell zur Fusion verschiedenartiger Information genutzt wird. Um eine geeignete Systemstruktur zu finden, wird ähnlich vorgegangen wie bei der Bildung eines physikalischen Modells. Es muss zunächst eine Größe gefunden werden, in der das Problem oder die Aufgabe physikalisch beschreibbar ist. Anschließend wird ein System entwickelt, mit der die gegebene Aufgabe gelöst werden kann. Bevor jedoch die Grundlagen vorgestellt werden, auf denen ein solches System beruht, wird zunächst eine kurze Einführung in die Grundbegriffe der allgemeinen Theorie dynamischer Systeme gegeben. Dabei wird auch eine Stabilitätsbetrachtung vorgenommen. Einen vollständigen Überblick zur Theorie dynamischer Systeme findet man zum Beispiel in Perko [1991] sowie in Arrowsmith und Place [1994]. Hier soll es vorwiegend darum gehen zu untersuchen, welche Prinzipien zu berücksichtigen sind, um ein stabiles dynamisches System zur Fusion von Informationsbeiträgen zu modellieren.

Das zweite Unterkapitel beschreibt das Grundkonzept des *dynamischen Ansatzes*. Dieser Ansatz wurde in Schöner [1991] propagiert und zur Verhaltenssteuerung von Robotern in Schöner, Dose und Engels [1995] sowie Steinhage und Schöner [1997] erfolgreich eingesetzt. In dieser Arbeit soll er auf das Sensorfusionsproblem aus Kapitel 2.3 erweitert werden. Zunächst werden in Kapitel 3.2 einige Begriffe wie der der Zustandsvariablen und der des Attraktors erläutert. Anschließend wird anhand einiger Beispiele zur Steuerung eines autonomen Roboters ein nichtlineares dynamisches System aufgebaut, welches nicht nur in der Lage ist, vorhandene Information zu mitteln, sondern auch zwischen gegensätzlichen Informationen zu entscheiden. Diese Eigenschaften werden in Kapitel 4 genutzt, um ein System zur Multisensor-Datenfusion zu entwickeln.

3.1 Einführung

Ein System wird im Allgemeinen als *dynamisches System* bezeichnet, wenn sich sein Zustand mit der Zeit ändern kann, also ein Zeitverhalten aufweist [Arrowsmith und Place 1990]. In Anwendungen findet man vorwiegend zwei Haupttypen dynamischer Systeme: diejenigen, in denen der Zeitparameter diskret ist ($t \in \mathbb{Z}$ oder $\mathbb{N}$) und solche, für die er kontinuierlich ist ($t \in \mathbb{R}$) [Kantz und Schreiber 1997]. In dieser Arbeit interessiert vor allem der Fall, wenn t kontinuierlich ist, so dass die Dynamik gewöhnlich als Differentialgleichung (hier in Form erster Ordnung) geschrieben wird:

$$\dot{\mathbf{x}} = \frac{d\mathbf{x}}{dt} = \mathbf{F}(\mathbf{x}(t), \mathbf{p}(t), t) . \tag{3.1}$$

Darin bezeichnet $\mathbf{x}(t)$ die Zustandsvariable, die ein Skalar oder ein n-dimensionaler Vektor $\mathbf{x}(t) \in \mathbb{R}^n$ sein kann. Der durch sie aufgespannte Raum wird *Zustands–* oder *Phasenraum* genannt. Die Veränderung des Systems wird durch die rechte Seite der Gleichung 3.1, nämlich durch die Funktion $\mathbf{F}(\cdot)$ bestimmt, die abhängig ist vom aktuellen Zustand $\mathbf{x}(t)$, einem m-dimensionalen Parametersatz $\mathbf{p}(t) \in \mathbb{R}^m$ sowie der Zeit t. Die Funktion $\mathbf{F}$ wird *Vektorfeld* genannt. Eine mathematisch strengere Definition eines dynamischen Systems verlangt zusätzlich die Differenzierbarkeit der Funktion $\mathbf{F}$ bezüglich seiner Parameter $\mathbf{x}, \mathbf{p}$ und t. Zur detaillierten Erklärung dynamischer Systeme sei auf Perko [1991] verwiesen. Die Zustandsvariable $\mathbf{x}(t)$ beschreibt in Abhängigkeit des Zeitparameters t eine Kurve (Trajektorie) im Zustandsraum. Entscheidend für ihr Verhalten ist der Anfangszustand $\mathbf{x}(t=0)$ und der Verlauf von $\mathbf{p}(t)$.

Wird zusätzlich zur Gleichung 3.1 angenommen, dass sich die Parameter auf einer langsameren Zeitskala ändern als der Zustandsvektor $\mathbf{x}$ selbst, so vereinfacht sich obige Gleichung zum autonomen Differentialgleichungssystem

$$\dot{\mathbf{x}} = \mathbf{F}(\mathbf{x}, \mathbf{p}) . \tag{3.2}$$

Numerisch lässt sich dieses System nach der *Euler–Methode* lösen. Eine Lösung ergibt sich folglich durch die Iteration der Gleichung, wobei die Änderung der Zustandsvariable beim nächsten Iterationsschritt zu derem momentanem Wert addiert wird. Handelt es sich bei Gleichung 3.2 beispielsweise um eine lineare Differentialgleichung, für die im eindimensionalen Fall:

$$\dot{x}(t) = ax(t) \tag{3.3}$$

geschrieben werden kann, dann lautet die Lösung dieser Differentialgleichung:

$$x(t) = x_0 e^{at} \ , \tag{3.4}$$

wobei a eine Konstante und $x_0 = x(t = 0)$ einen Anfangswert darstellt. Sie ist hier die einzige Lösung. Der Wert a kann als Parameter angesehen werden, da sich sowohl die Gleichung 3.3 als auch deren Lösung (Gl. 3.4) ändern, wenn a verändert wird.

Bei zahlreichen Problemen interessiert nicht die explizite Lösung der Zustandsgleichung, sondern nur die Stabilität, die eine allgemeine Systemeigenschaft darstellt. Dazu untersucht man die Orte des Phasenraumes $\mathbf{x}^0$ eines gegebenen dynamischen Systems, an denen die Funktion

$$\mathbf{F}(\mathbf{x}^0, \mathbf{p}) = 0$$

wird. Diese werden als *Gleichgewichtspunkte* oder *Fixpunkte* bezeichnet. Nimmt man einen Fixpunkt als Anfangswert, dann muss die Lösung der Differentialgleichung exakt mit dem Fixpunkt übereinstimmen [Unbehauen 1990]. Die Lage der Fixpunkte eines dynamischen Systems nach Gleichung 3.2 als auch deren Eigenschaften werden in der Regel maßgeblich durch die Parameter **p** beeinflusst. Ändert sich das qualitative Verhalten des Systems durch die Variation von **p**, spricht man von einer *Bifurkation*.

Für das obige einfache Beispiel (Gleichung 3.3) ergibt sich folgendes qualitative Verhalten der Lösungen in Abhängigkeit des Vorzeichens von a [Hirsch und Smale 1974]:

- Die Gleichung 3.3 ist *stabil* für $a < 0$, da der Grenzwert für $t \to \infty$ null wird. Wird der Gleichgewichtspunkt durch einen äußeren Einfluss geringfügig verlassen, wirkt das Vektorfeld wie eine Kraft auf x, so dass nach kurzer Zeit wieder der Gleichgewichtspunkt erreicht wird, in dem das System dann verbleibt.

- Ist der Parameterwert $a > 0$, dann ist das System *instabil*, da der Grenzwert für positive Anfangswerte gegen unendlich und für $x_0 < 0$ gegen $-\infty$ strebt. Damit driftet das System vom Gleichgewichtspunkt weg, sobald dieser nur geringfügig verlassen wird.

- Wenn der Wert $a = 0$ ist, führt dies zu einer konstanten Lösung. Die kleinste Änderung ergibt jedoch eine radikale Verhaltensänderung der Lösung. Deshalb wird dieser Wert auch als *Bifurkationspunkt* bezeichnet, worauf später in Kapitel 3.2.5 noch zurückgegriffen wird.

Bei mehrdimensionalen linearen Systemen muss die Jacobi–Matrix zur Ermittlung der Stabilität des Systems in einem Gleichgewichtspunkt herangezogen werden. Die

Jacobi–Matrix ist eine Matrix der Ableitungen der einzelnen Variablen nach der Zeit t. Sei $\mathbf{x} = (x_1, x_2, \ldots, x_n)^T$ für $n \in \mathbb{N}$ ein Vektor der dynamischen Variablen x_i. Die Eigenwerte der Jacobi–Matrix erlauben dann eine Klassifizierung des Fixpunktes, wenn kein Eigenwert der Matrix gleich null ist. Sind die Realteile aller Eigenwerte negativ, dann ist der Fixpunkt *stabil*. Darüber hinaus ist jeder Fixpunkt *asymptotisch stabil*, wenn dieser stabil und das Vektorfeld stetig differenzierbar ist oder jede Lösung, die genügend nahe beim Gleichgewichtspunkt liegt, gegen diesen für $t \to \infty$ konvergiert [Braun 1988]. Ein Fixpunkt ist *instabil*, wenn wenigstens ein Eigenwert der Jacobi–Matrix einen positiven Realteil besitzt.

3.1.1 Nichtlineare Systeme

Ein *nichtlineares System* wird als eine Menge nichtlinearer Gleichungen verstanden, die als algebraische Gleichungen, Funktionale, gewöhnliche oder partielle Differentialgleichungen, Integrale oder einer Kombination davon auftreten können. Der Begriff des dynamischen Systems wird meist als Synonym für nichtlineare Systeme verwendet [Drazin 1994]. Nichtlineare Systeme werden benutzt, um mittels beobachtbarer physikalischer Variablen eine große Vielfalt biologischer und physikalischer Phänomene zu beschreiben. Die Theorie nichtlinearer Systeme hat Anwendung bei Problemen der Ökonomie, des Bevölkerungswachstums, der Physiologie der Nerven, der Regulierung von Herzschlägen, bei chemischen Reaktionen, Phasenübergängen, elektrischen Schaltungen und vielen weiteren Phänomenen gefunden [Drazin 1994].

Ein einfaches Beispiel für den Einsatz nichtlinearer Systeme sei hier aufgeführt [Braun 1988; Devaney 1989]: Biologen, die sich mit Bevölkerungsentwicklungen beschäftigen, sind meist am Verhalten einer Art (Spezies) über einen längeren Zeitraum interessiert. Auf Grund beobachteter oder experimentell bestimmter Parameter wird ein Modell entworfen, welches die Änderung der Stärke (Fluktuation) einer Population beschreibt. Dies können Differential– oder Differenzengleichungen sein, je nachdem ob die Bevölkerungsentwicklung kontinuierlich oder nur zu bestimmten diskreten Zeitpunkten beobachtet werden kann. Das Letztere ist der Fall, wenn sie z. B. nur jedes Jahr oder nur in jeder Generation einmal gemessen wird. Dabei ist von Interesse, wie sich die Stärke einer Ausgangspopulation P_0 über der Zeit t verändert. Wird die Population aussterben oder fluktuiert sie und wenn ja wie? Kann man also das Langzeitverhalten vorhersagen? Ein sehr einfaches und naives Modell wäre, dass sich die Bevölkerung einer einzigen Art proportional zur vorhandenen Bevölkerung zu einem bestimmten Zeitpunkt verhält (wenn man die Sterblichkeit und eine mögliche Überbevölkerung o. Ä. vernachlässigt). Dann erhält man zunächst ein lineares System. Dies ist mit Hilfe einer einfachen Differentialgleichung zu beschreiben:

$$\frac{dP(t)}{dt} = kP(t) , \tag{3.5}$$

wenn $P(t)$ die Bevölkerung zur Zeit t beschreibt und k eine Konstante ist. Die Lösung dieser Gleichung lautet mit $P_0 = P(0)$ wie folgt:

$$P(t) = P_0 e^{kt} . \tag{3.6}$$

Für $t > 0$ läuft bei positiven k: $P(t) \to \infty$, ist $k < 0$ läuft $P(t) \to 0$. Untersuchungen bestätigen, dass eine Population annähernd exponentiell wächst, solange sie nicht zu groß wird. Wird sie aber extrem groß, dann greift dieses Modell nicht mehr, da der Kampf der Individuen untereinander um Lebensraum, Nahrung usw. zunimmt, so dass das lineare Modell zur Beschreibung nicht mehr ausreicht. Deshalb ist eine Erweiterung des obigen Modells notwendig.

Fügt man in Gleichung 3.5 einen Grenzwert L einer Population bei Überbevölkerung ein, dann wird die Gleichung nichtlinear:

$$\frac{dP}{dt} = kP(L-P) . \tag{3.7}$$

Diese Gleichung wird als das *logistische Gesetz des Populationswachstums* bezeichnet [Braun 1988]. Habe die Population zu einem Anfangszeitpunkt wieder den Wert P_0, dann erhält man ein Anfangswertproblem, dessen Lösung durch die Integration der Gleichung 3.7 mit Hilfe der Partialbruchzerlegung zu folgender Gleichung führt:

$$P(t) = \frac{LP_0 e^{kLt}}{L - P_0 + P_0 e^{kLt}} . \tag{3.8}$$

Für $t \to \infty$ nähert sich die Population unabhängig vom Anfangswert stets dem Grenzwert L. Die zweite Ableitung zeigt, daß dP/dt bis zum halben Grenzwert $L/2$ zunimmt, somit eine Periode des beschleunigten Wachstums beschreibt und anschließend abnimmt, was einem verminderten Wachstum entspricht. Solch eine logistische Kurve (Abb. 3.1) nennt man Sigmoide. Bei diesem Modell sind weder Fluktuationen der Bevölkerung noch deren mögliches zyklische Verhalten integriert, doch zeigt es, dass erst durch das Einfügen einer Nichtlinearität eine annähernd realistische Beschreibung des Bevölkerungswachstums entstanden ist.

Da die in der Technik vorkommenden Systeme oftmals nichtlineare Eigenschaften besitzen, ist es sinnvoll, auch ein nichtlineares System zu deren Beschreibung zu entwerfen, wenn nicht lineare Ansätze ausreichen. Außerdem können Nichtlinearitäten vielfach nicht hinreichend gut durch lineare Systeme beschrieben werden [Jackson 1991], so dass sie keine einfache Alternative mit eventuell einfacheren Lösungen bieten. In dieser Arbeit wird deshalb eine allgemeine Architektur entwickelt, die auf einer einfachen nichtlinearen Differentialgleichung erster Ordnung beruht, um auch nichtlineare Zusammenhänge aus verschiedenartigen Informationsbeiträgen zu fusionieren.

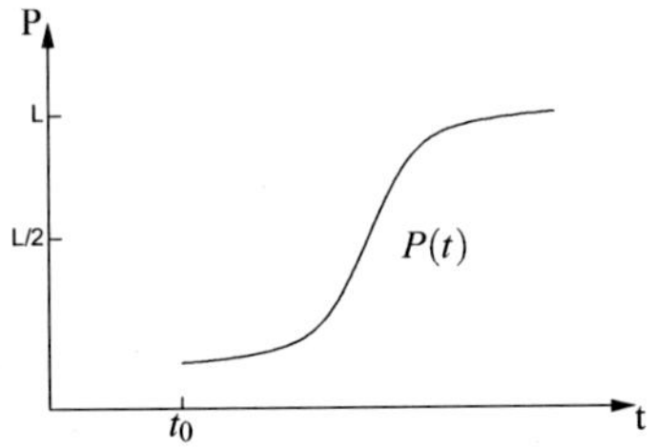

Abbildung 3.1: Logistische Kurve: Graph von $P(t)$. Beschleunigtes Wachstum bis zum Erreichen der Hälfte des Grenzwertes. Danach folgt eine Periode des verminderten Wachstums.

3.1.2 Stabilitätsbetrachtung

Ein nichtlineares Gleichungssystem ist in der Regel nicht einfach zu lösen. Stattdessen versucht man, das Systemverhalten über eine Stabilitätsuntersuchung der Fixpunkte zu ermitteln. Dazu bestehen zwei Möglichkeiten:

Weil es für lineare Systeme eine weitgehend abgeschlossene Theorie gibt, kann das Verhalten eines Fixpunktes erstens dadurch untersucht werden, dass die nichtlineare Gleichung an diesem Punkt linearisiert wird. Diese Linearisierung erfolgt mit Hilfe einer Taylor-Reihenentwicklung, die mit Hilfe der Jacobi–Matrix dargestellt wird, anhand derer das Stabilitätsverhalten, wie zuvor in Kapitel 3.1 beschrieben, festgestellt werden kann [Unbehauen 1990].

Eine zweite Möglichkeit ist Gegenstand der von A.M. Ljapunov um 1892 eingeführten Stabilitätstheorie, deren bedeutendstes Werkzeug die sogenannte *direkte Methode von Ljapunov* ist. Diese Methode hat den Vorteil, dass sie qualitative Aussagen über die Stabilität ermöglicht, ohne eine explizite Kenntnis der Lösungen der zugehörigen Differentialgleichung zu benötigen [Unbehauen 1989; Drazin 1994]:
Eine gefundene Gleichgewichtslage $\mathbf{x}^0$ als Lösung einer Differentialgleichung ist *stabil*, wenn benachbarte Lösungen auch über der Zeit in der Nachbarschaft bleiben. Sie ist *asymptotisch stabil*, wenn darüber hinaus alle Lösungen in der Nachbarschaft zu $\mathbf{x}^0$ hin tendieren. Ansonsten ist sie *instabil.* Falls es gelingt, irgendeine Funktion der Zustandsgröße zu finden, die am Gleichgewichtspunkt null wird, ansonsten aber positive Werte besitzt und deren Ableitung negativ ist, dann ist die Stabilität bewiesen [Hirsch und Smale 1974; Perko 1991]. Der Veranschaulichung dient das einfache Beispiel einer Kugel im welligen Gelände in (Abbildung 3.2). Dort ist zu sehen, dass Lösungen $\mathbf{x}(t)$ mit Anfangswerten $\mathbf{x}(0)$ nahe des Gleichgewichtspunktes ein sehr unterschiedliches Verhalten aufweisen können [Jetschke 1989]. Nur bei asymptotisch stabilen Fix-

punkten (Mitte) konvergieren benachbarte Lösungen zum Fixpunkt. Nur diese sind im Allgemeinen relevant.

Abbildung 3.2: Stabilitäten eines Fixpunktes: Kugeln im welligen Gelände. (links grenzstabil, mittig stabil, rechts instabil).

Die Ljapunov–Methode wird vor allem bei nichtlinearen Systemen angewandt, die nicht linearisiert werden können. Detaillierte Beschreibungen finden sich beispielsweise in Wiggins [1990], Perko [1991], Drazin [1994]. Bei nichtlinearen Systemen sind die zuvor erwähnten *Bifurkationen* von großer Bedeutung. Sie treten immer dort auf, wo die Lösungen des nichtlinearen Systems ihren qualitativen Charakter ändern, wenn sich ein Parameter verändert. Die Bifurkationstheorie untersucht allgemein, welchen Einfluss Parameter auf die Lösung eines Systems haben. Bei der Entwicklung des dynamischen Systems zur Sensorfusion in Kapitel 4 wird wieder auf Bifurkationen zurückgegriffen. Eine genauere Betrachtung ist beispielsweise in Perko [1991] oder Drazin [1994] zu finden.

3.2 Theorie des dynamischen Ansatzes

In der vorliegenden Arbeit wird ein dynamisches System entwickelt, das unterschiedliche Sensorinformationen so kombiniert, dass daraus eine interessierende Größe möglichst exakt und robust abgeleitet werden kann. In diesem Kapitel wird der *dynamische Ansatz* erläutert, der die Grundlage für den Aufbau des dynamischen Systems zur Sensorfusion bildet.

Der *dynamische Ansatz* bezog sich ursprünglich auf die mathematische Beschreibung von *Verhalten* bei Menschen und Tieren durch die Theorie dynamischer Systeme [Schöner und Kelso 1988]. Er wurde erfolgreich auf Anwendungen der Robotersteuerung von Schöner und Dose [1992] übertragen. Eine ausführlichen Überblick geben Schöner et al. [1995]. Sie benutzten ein dynamisches System zur Beschreibung der Fahrtrichtungsänderung eines Roboters als Funktion seiner momentanen Position und der erkannten Hindernisse. In diese Dynamik wurden die aus Sensorinformationen extrahierten Ziele und Hindernisse als „anziehende" und „abstoßende" Fixpunkte eingebracht. Mit Hilfe dieses dynamischen Systems soll ein autonomer Roboter sein Verhalten unter der Vorgabe einer Aufgabe selbst organisieren und steuern. Die grundlegende Idee dabei ist, das Verhalten des Roboters durch aufgabenbezogene kontinuierliche Variablen, den sogenannten *Verhaltensvariablen*, zu beschreiben und zu parametrisieren. Das Wort

„Verhalten“ bezieht sich dabei auf alle Arten von Prozessen, die während des Informationsflusses vom Sensoreingang bis zu einer ausgeführten Handlung auftreten und für die einzelne Ziele unabhängig von anderen Prozessen definiert werden können. Dieses Verhalten kann nach einem Informationsverarbeitungsprozess von außen mittelbar oder unmittelbar anhand entsprechender Handlungen beobachtet werden. Es wird durch den zeitlichen Verlauf der Verhaltensvariablen aus Lösungen adäquat entworfener dynamischer Systeme erzeugt. Das dynamische System wird dabei durch gewöhnliche Differentialgleichungen beschrieben. Beispiele für solches Verhalten ist die Bewegung eines Roboters zu einem Ziel oder dessen Fähigkeit Hindernissen auszuweichen [Bicho und Schöner 1997b; Bicho und Schöner 1997a]. Darüber hinaus konnte das Verhalten eines Roboters auch mit Hilfe von Schlüsselwörtern der Sprache gesteuert werden [Menzner 2000].

Dieses Verhalten, das durch die Auswertung von Sensormessungen generiert und gesteuert wird, bezeichnet man als Verhalten niederer Ebene, wie zum Beispiel die Wiedererkennung eines Ortes auf Grund von Kamera–Aufnahmen [Steinhage 1998]. Der dynamische Ansatz wird mittlerweile auch zur Steuerung von Verhalten auf höherer Ebene mit Erfolg eingesetzt [Steinhage und Schöner 1998]. Dazu zählt beispielsweise ein Verhalten auf kognitiver Ebene [Shettleworth 1998], wie das Finden einer optimalen Trajektorie zu einem bekannten Ziel oder das Suchen eines Gegenstandes im Raum [Bergener et al. 1999]. Zum Verhalten auf höherer Ebene wird deshalb die Organisation verschiedener Teilverhalten gezählt, die am Beispiel eines autonomen Roboters in Bergener [2000] mit Hilfe eines dynamischen Systems als Kontrollarchitektur durchgeführt wurde. Diese Beispiele, die auch im Folgenden zur Erläuterung herangezogen werden, zeigen die Bandbreite an Anwendungen, in denen Verhalten mit Hilfe des dynamischen Ansatzes erzeugt werden kann.

Um den dynamischen Ansatz zur Fusion verschiedener Information zu erweitern, sind folgende Fragen zu klären:

- Wie kann abstraktes Wissen, also nicht direkt an Sensoren gebundene, sondern eventuell daraus abgeleitete Information oder in Regeln gefasste physikalische Randbedingungen im dynamischen Ansatz Berücksichtigung finden?
- Wie können verschiedene Verhaltensbeiträge stabil gekoppelt werden? Die Stabilität bezieht sich hier einerseits auf das dynamische Gesamtsystem, das in mathematischem Sinne stabil bleiben muss, andererseits aber auch auf das Verhalten, da das System bei Änderungen in der Umgebung so reagieren muss, dass immer nur ein definierter Zustand angenommen wird.
- Wie kann globales Verhalten erzeugt, d. h. eine Größe bestimmt werden, die viele einzelne Informationen integriert, die selbst jeweils nur ein lokales Verhalten steuern können?

- Wie kann im dynamischen Ansatz verschiedenartiges Verhalten organisiert werden, das logische gegenseitige Abhängigkeiten der Informationsbeiträge berücksichtigt?

Diese Fragen werden teilweise theoretisch in diesem Kapitel als auch anhand der Beispielanwendungen zur Sensorfusion in Kapitel 4 behandelt. Bei der Beantwortung dieser Fragen helfen drei Ideen des dynamischen Ansatzes [Schöner et al. 1995], die aus der Neurobiologie stammen:

- Verhaltensvariablen: Zur Beschreibung der Aktivität von Verhaltenssystemen müssen geeignete aufgabenbezogene Variablen gefunden werden. Diese sollen nur solche Verhaltensaspekte beschreiben, für die sie bezüglich bestimmter Änderungen der Umgebung relativ invariant sind.

- Verhaltensdynamik: Verhalten ist anhand von zeitabhängigen Variablen durch ein dynamisches System zu beschreiben. Beispielsweise ist das Nervensystem der Ursprung individuellen Verhaltens. Mit dynamischen Systemen lassen sich Verhaltensmuster definieren. Zum Beispiel kann die Wiederherstellung eines Verhaltens nach einer Störung als asymptotisch stabile Lösung eines zu Grunde liegenden dynamischen Systems gesehen werden.

- Informationseinbindung: Eine Dynamik muss so aufgebaut sein, dass die zur Verfügung stehende Information, die von Sensoren geliefert oder durch Erfahrung angeeignet wurde, nur Einfluss auf das dynamische System besitzt. Die Information darf niemals ein Verhalten direkt steuern, da dieses sich erst als Ergebnis der Informationsfusion durch die Dynamik entwickeln soll.

Diese Ideen bilden die Grundlage des dynamischen Konzeptes, das in den folgenden Unterkapiteln entwickelt wird. Dazu werden zunächst die Begriffe der Verhaltensvariablen und der Verhaltensdynamik eingeführt. Dann wird auf die Eigenschaften sogenannter *Attraktoren und Repelloren* eingegangen, die anschließend zur Kodierung verschiedenartiger Information in einem dynamischen System genutzt werden. Dabei wird erläutert, wie sich ergänzende Information zusammengefasst und zwischen sich widersprechenden Informationsbeiträgen entschieden wird, um ein stabiles resultierendes Gesamtverhalten zu erzeugen. Zuletzt wird gezeigt, wie Bifurkationen, die durch die gewählte Parametrisierung der Beiträge hervorgerufen werden können, zur Erzeugung eines gewünschten Verhaltens eines Roboters genutzt werden.

3.2.1 Verhaltensvariablen und Verhaltensdynamik

Um ein im vorigen Unterkapitel beschriebenes Verhalten eines Systems entwickeln zu können, muss man zunächst geeignete Variablen finden, die es parametrisieren. Diese Variablen, die Skalare oder Vektoren sind, erstrecken sich über sogenannte Verhaltensdimensionen. Entlang dieser Dimensionen kann sich das Verhalten kontinuierlich ändern. Das bedeutet, dass ein bestimmtes Verhalten mit einem bestimmten Punkt des Verhaltensraumes korrespondiert. Für jedes spezielle Verhalten besitzen die Variablen folglich besondere Werte. Ein Beispiel für dieses Verhalten ist die Bewegung eines autonomen Roboters, das kontrolliert werden muss, um z. B. Ziele anzufahren oder Hindernisse zu vermeiden. Ein solcher, sich in einer Ebene bewegender Roboter kann durch die Variablen v für die Geschwindigkeit und ϕ für die Fahrtrichtung parametrisiert werden. Die anzusteuernden Ziele oder wahrgenommene Hindernisse sind durch diese Variablen zu beschreiben. Anhand dieser Informationen muss der Roboter Entscheidungen treffen, die zur Lösung einer vorgegebenen Aufgabe notwendig sind. Dieses Beispiel wird im Folgenden mehrfach zur Veranschaulichung genutzt.

Hat man entsprechende, den Systemzustand quantitativ abbildende Verhaltensvariablen gefunden, so ist eine Verhaltensdynamik dafür zu entwerfen. Dabei spielt die Verhaltensvariable ϕ des obigen Beispieles die Rolle der *Zustandsvariablen m* des dynamischen Systems nach Gleichung 3.9. Die Lösungen dieser Dynamik müssen das Verhalten des Roboters, also seine Bewegung, über der Zeit erzeugen. Dynamische Systeme werden, wie oben erwähnt, als Differentialgleichung geschrieben. Vorerst soll nur die eindimensionale Form betrachtet werden:

$$\tau \dot{m} = F(m, \mathbf{p}, t) , \tag{3.9}$$

wobei F eine Funktion der Zustandsvariablen m, eines Parametersatzes $\mathbf{p}$ und der Zeit t ist. τ ist ein konstanter Skalierungsfaktor, der als Zeitkonstante bezeichnet wird. Generell gesehen beschreibt m einen Aspekt des momentanen Systemzustandes. Der Raum, der durch die dynamische Variable aufgespannt wird, heißt daher auch *Zustandsraum* oder *Phasenraum*.

3.2.2 Attraktoren und Repelloren

In dynamischen Systemen wird zu jedem Punkt des Phasenraumes ein Vektor definiert. Diese Vektoren bestimmen die Richtung und die Rate, mit der das System sich von jedem Punkt aus bewegt. Das Ensemble dieser Vektoren wird *Vektorfeld* genannt. Bei physikalischen Problemen ist man an speziellen Lösungen des dynamischen Systems interessiert, nämlich denjenigen Werten der Zustandsvariablen, bei denen sich die Dynamik nicht ändert und sich das System im Gleichgewichtszustand befindet. Diese Werte der Zustandsvariablen werden als *Fixpunkte* bezeichnet. Dort ist das Vektorfeld null:

$$\dot{m}_{\text{Fixpunkt}} = F(m_{\text{Fixpunkt}}) = 0 . \tag{3.10}$$

Solche Fixpunkte bezeichnen konstante Lösungen des dynamischen Systems. Wenn der Systemzustand einmal einen Fixpunkt erreicht hat, dann wird dieser nie mehr verlassen.

Ab diesem Zeitpunkt verbleibt das System folglich ohne einen externen Einfluss immer in diesem Zustand.

Ein Fixpunkt ist asymptotisch stabil, wenn das System über der Zeit zum Fixpunkt konvergiert. Das bedeutet, dass Punkte, die in der Nähe dieses Fixpunktes liegen, mit der Zeit in diesen Fixpunkt relaxieren oder anders ausgedrückt, von diesem Fixpunkt „angezogen“ werden. Solch ein Fixpunkt wird *Attraktor* genannt. Dort ist die Steigung

$$\left.\frac{dF}{dm}\right|_{Fixpunkt} < 0\,. \tag{3.11}$$

Repelloren sind dagegen Fixpunkte, bei denen benachbarte Punkte „abgestoßen“ werden, d. h. sich mit der Zeit von diesen Fixpunkten entfernen. Repelloren bezeichnen also instabile Fixpunkte. Das dynamische Verhalten wird sichtbar, wenn man die Änderungsrate $\dot{m}$ als Funktion der Zustandsvariablen m aufträgt. Schnittpunkte dieser Funktion mit der m-Achse bezeichnen Fixpunkte. Der Einfachheit halber sei folgende Funktion als Beispiel eines Attraktors gegeben:

$$\dot{m}(t) = \frac{m_{\text{Fixpunkt}} - m(t)}{\tau}\,, \tag{3.12}$$

wobei τ wieder die Zeitkonstante beschreibt. Zur Veranschaulichung dienen die Phasenraumbilder (engl. *phase plot*) in Abbildung 3.3. Sie zeigen jeweils einen Fixpunkt an den Positionen m_A bzw. m_R einer eindimensionalen Zustandsvariablen m. Die Steigungen von $F(m)$ sind dort durch den Winkel α repräsentiert.

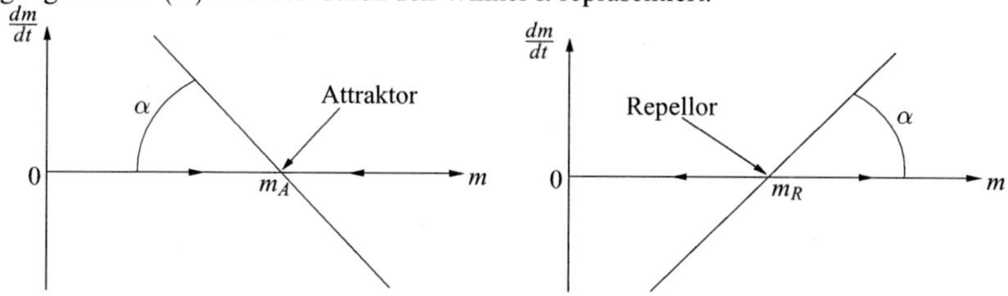

Abbildung 3.3: Grundkonzept der Attraktordynamik: Die Änderungsrate $\dot{m} = \frac{dm}{dt}$ ist gegenüber der Zustandsvariablen m aufgetragen. Die Punkte, an denen die Änderung null ist, bezeichnen Fixpunkte der Dynamik. Wenn die Änderungsrate eine negative Steigung am Fixpunkt besitzt, dann wird dieser *Attraktor* genannt, zu dem Lösungen relaxieren, die in der Nähe beginnen (angezeigt durch die Pfeile). Besitzt ein Fixpunkt eine positive Steigung, dann wird dieser als *Repellor* bezeichnet. In diesem Fall werden benachbarte Lösungen vom Fixpunkt abgestoßen.

Angenommen, ein äußerer kleiner Einfluss, der im Folgenden als Störung bezeichnet wird, bringt ein dynamisches System aus seiner Gleichgewichtslage. Dann hängt es von der Art des Fixpunktes ab, wie sich das System verhält. Liegt der Systemzustand m nach solch einer Störung zum Beispiel links neben einem Attraktor m_A (linkes Diagramm in Abb. 3.3), so wird er wegen der positiven Änderungsrate dm/dt im nächsten Zeitschritt während der Iteration der Dynamik nach rechts zum Attraktor zurückgezogen (angedeutet durch den Pfeil auf der m-Achse). Läge ein Punkt rechts von m_A, dann würde er auf Grund des negativen Wertes der Änderung $\dot{m}$ nach links in Richtung des Attraktors gezogen. Während der Iteration der Dynamik verschwinden Störungen in der Nähe von Attraktoren folglich wieder. Anhand des rechten Diagramms in Abbildung 3.3 erkennt man dagegen, dass sich Störungen bei Repelloren negativ auf das Verhalten der Dynamik auswirken, da sie nicht mit der Zeit verschwinden, sondern größer werden. Betrachtet man einen Wert m, der sich etwas rechts neben m_R befindet, dann wird dieser durch den positiven Wert von $\dot{m}$ weiter nach rechts gezogen, so dass er sich während der Iteration der Dynamik vom Fixpunkt immer mehr entfernt.

Die Steigung im Phasenraum an den Fixpunkten bestimmt jeweils die Geschwindigkeitsrate, mit der das System auf den Attraktor relaxiert bzw. sich vom Repellor weg bewegt. Je größer die Steigung am Fixpunkt ist, desto größer ist die zeitliche Änderung, die ein Wert in der Nähe dieses Fixpunktes erfährt und desto schneller relaxiert das System auf den Attraktor. Der Zeitverlauf ergibt sich aus der Lösung der Differentialgleichung und kann durch die Relaxationszeit τ_{rel} charakterisiert werden. Sie definiert sich als negativen Kehrwert der Steigung der Dynamik am Fixpunkt:

$$\tau_{rel} = -\left[\left. \frac{dF(m)}{dm} \right|_{m=m_{\text{Fixpunkt}}} \right]^{-1} . \tag{3.13}$$

Die Zeitkonstante ist für diskrete Approximationen kontinuierlicher Systeme von großer Bedeutung, da sie die allgemeine Reaktionszeit des Systems skaliert. Sie wird im Folgenden auch als Zeitskala bezeichnet. Eine negative Steigung bzw. eine positive Zeitkonstante τ_{rel} charakterisiert einen asymptotisch stabilen Fixpunkt oder Attraktor der Dynamik, während eine positive Steigung bzw. eine negative Zeitkonstante einen instabilen Fixpunkt oder Repellor charakterisiert. Ein Wert $\tau = 0$ bedeutet, dass das System sich in einem quasi-stabilen Zustand befindet.

Als Beispiel wird Gleichung 3.12 betrachtet, deren Lösung die Form:

$$m(t) = m_{\text{Fixpunkt}} + \left(m_0 - m_{\text{Fixpunkt}}\right)\, e^{-\frac{t}{\tau}} \tag{3.14}$$

hat, wenn mit $m_0 = m(0)$ ein beliebiger Startwert bezeichnet wird. Der Abstand zum Fixpunkt verringert sich nach der Zeit $t = \tau$ auf den Wert

$$m_1 = m(\tau) = m_{\text{Fixpunkt}} + \frac{m_0 - m_{\text{Fixpunkt}}}{e} . \tag{3.15}$$

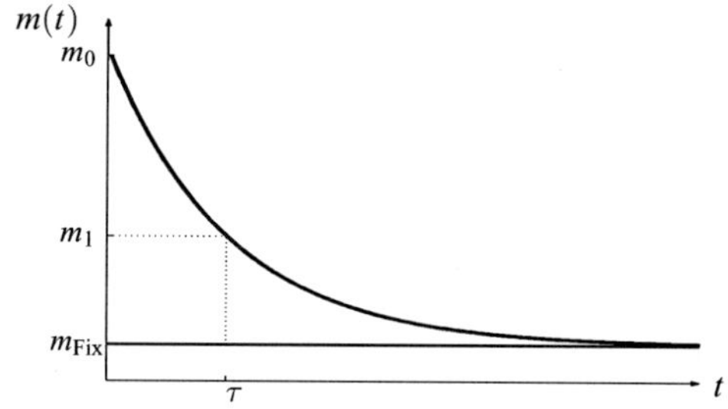

Abbildung 3.4: Diagramm der Annäherung der Zustandsvariablen m an einen Fixpunkt m_{Fix} der Dynamik aus Gleichung 3.12 von einem Anfangswert m_0 über der Zeit t.

Damit verschiebt sich der Startpunkt m_0 um den Faktor e innerhalb der Zeit τ zum Attraktor hin. Dieses Verhalten zeigt auch Abbildung 3.4. Im Folgenden wird der Kehrwert $\lambda = \tau^{-1} = -\tan(\alpha)$ der Relaxationszeit benutzt, um die Stärke eines Attraktors zu charakterisieren.

In diesem Fall ist die Stabilitätsbetrachtung noch sehr einfach. Bei dynamischen Systemen höherer Dimension ist die Stabilitätsanalyse dagegen schwieriger. Die Stabilität kann untersucht werden, indem das Vektorfeld beim Fixpunkt linearisiert wird und die Eigenwerte der Jacobi–Matrix bestimmt werden. Die Realteile dieser Eigenwerte entsprechen der oben dargestellten Steigung. Für eine asymptotische Stabilität müssen alle Realteile der Eigenwerte negativ sein.

3.2.3 Kombination von Informationsbeiträgen

Bisher wurde nur die Kodierung einzelner Informationsbeiträge bzw. Verhaltensaufgaben als Attraktoren oder Repelloren eines dynamischen Systems betrachtet. Man ist jedoch daran interessiert, wie ein mathematisches Funktional für eine Dynamik aussieht, wenn mehrere Informationsbeiträge kombiniert werden, um ein Gesamtverhalten zu erzeugen. Dies ist auf Grund der Struktur des dynamischen Ansatzes recht einfach: Die Dynamik wird aus allen zur Verfügung stehenden individuellen Beiträgen aufgebaut. Jeder Beitrag wird dabei als Attraktor oder Repellor einer gewählten Zustandsvariablen dargestellt und kann durch einfache Addition mit anderen Attraktoren oder Repelloren in einer Differentialgleichung nach Gleichung 3.9 zusammengefasst werden. Jeder Beitrag repräsentiert ein bestimmtes Zielverhalten, das entworfen werden soll. Dann beinhaltet die Funktion F eine Summe von Einzelattraktoren, die das Gesamtvektorfeld erzeugen.

Zur Veranschaulichung der Funktionsweise des dynamischen Ansatzes dient wieder das Beispiel der Robotersteuerung. Die Aufgabe des Roboters sei es, mehrere Ziele anzusteuern, wobei gleichzeitig Hindernisse vermieden werden sollen. Unter Vernachlässigung der Geschwindigkeit v kann die Fahrtrichtung des Roboters ϕ als Zustandsvariable genutzt werden. Für die Zielrichtungen muss der „Designer“ der Dynamik jeweils Attraktoren erzeugen, welche Fixpunkte an anzustrebenden Punkten vorgeben. Für Hindernisse sollten Repelloren für die entprechenden Richtungen gebildet werden, damit diese Fahrtrichtungen vom Roboter vermieden werden, um nicht mit den Hindernissen zu kollidieren. Sind beispielsweise zwei Ziele gegeben, dann müssen in zwei Fahrtrichtungen $\phi_{\text{Ziel},1}$ und $\phi_{\text{Ziel},2}$ Attraktoren der Zustandsvariablen ϕ spezifiziert werden. Daraus ergibt sich die Aufgabe des Roboters, selbstständig eine Entscheidung darüber zu treffen, welches der Ziele als erstes anzufahren ist.

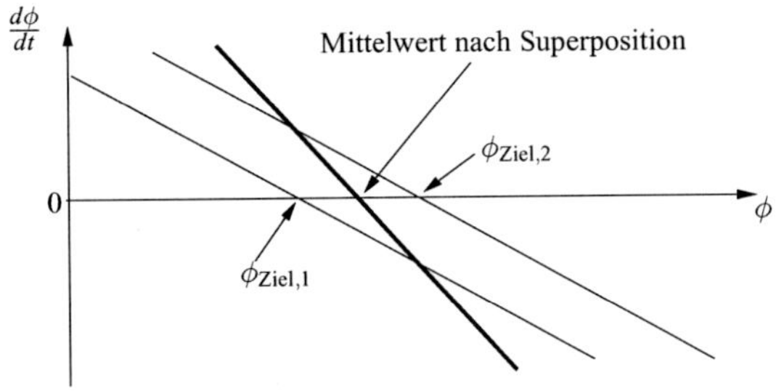

Abbildung 3.5: Addition von Attraktoren: lineare Beiträge (dünne Linien) werden superponiert, wobei der sich ergebende Attraktor (dicke Linie) als Mittelwert der Attraktoren in deren Mitte liegt. Besitzen beide Attraktor dieselbe Steigung, dann ergibt sich ein resultierender Attraktor mit doppelter Steigung.

Zunächst werden lineare Attraktorfunktionen mit denselben negativen Steigungen für die beide Ziele benutzt, wie in Abbildung 3.5 zu sehen. Lineare Funktionen besitzen die Eigenschaft, dass der Einflussbereich eines Attraktors unbegrenzt ist. Eine Superposition dieser Beiträge führt zu einer Funktion folgender Art:

$$\dot{\phi} = \sum_{i=1}^{2} \lambda_i (\phi_{\text{Ziel},i} - \phi) . \tag{3.16}$$

Bestimmt man die Gleichgewichtslösung, indem man das Vektorfeld zu null setzt, dann ergibt sich folgender Fixpunkt:

$$\phi_{\text{Fix}} = \frac{\sum_{i=1}^{2} \lambda_i \phi_{\text{Ziel},i}}{\sum_{i=1}^{2} \lambda_i} . \tag{3.17}$$

Damit erhält man eine steilere, lineare Attraktorfunktion, welche die ϕ-Achse am arithmetischen Mittelwert von $\phi_{\text{Ziel},1}$ und $\phi_{\text{Ziel},2}$ kreuzt. Welchen Einfluss ein Ziel auf das Gesamtverhalten des Roboters besitzt, wird durch die jeweilige Stärke seines Attraktors λ_i spezifiziert. Hätte man unterschiedliche Gewichtungen bzw. Steigungen λ_i gewählt, so läge der Attraktor der Gesamtdynamik bei dem entsprechend gewichteten Mittelwert, der näher bei einer tatsächlichen Zielrichtung liegen kann. Beim Design eines Attraktors sollte folglich für die Attraktorstärke λ_i eines Informationsbeitrages unter Berücksichtigung der Zeitskala τ ein Wert gewählt werden, der seinem relativen Gewicht entspricht. Je wichtiger ein Beitrag ist, desto größer muss seine Stärke sein. Dies ändert jedoch nichts daran, dass die unendlich ausgedehnten Einflussbereiche der Beiträge zu einer ungünstigen Überlagerung der Attraktoren führen, da in der sich ergebenden Richtung möglicherweise kein reales Ziel gefunden werden kann. Durch die Verwendung linearer Attraktoren ist der Roboter folglich nicht in der Lage, eine Entscheidung zur Anfahrt eines Zieles zu treffen, so dass er die ihm gestellte Aufgabe nicht lösen kann. Mit einem linearen System ist also nur eine arithmetische Mittelung der Informationsbeiträge durch die Mittelung der gesetzten Fixpunktpositionen möglich, jedoch keine Entscheidungsfindung.

Durch die unbegrenzten Reichweiten jedes Informationsbeitrages in Form eines Attraktors ist der sich ergebende Zielzustand unabhängig vom aktuellen Zustand der Dynamik. Deshalb wäre eine Iteration der Gleichung 3.16 zur Bestimmung der Lösung gar nicht notwendig. Damit zeigt sich, dass ein lineares System zur Steuerung des Roboters nicht ausreicht. Daher wird im Folgenden jede lineare Attraktorfunktion mit einer zusätzlichen Funktion multipliziert, die deren Einflussbereich begrenzt. Eine Möglichkeit besteht in der Verwendung einer Gaußfunktion.

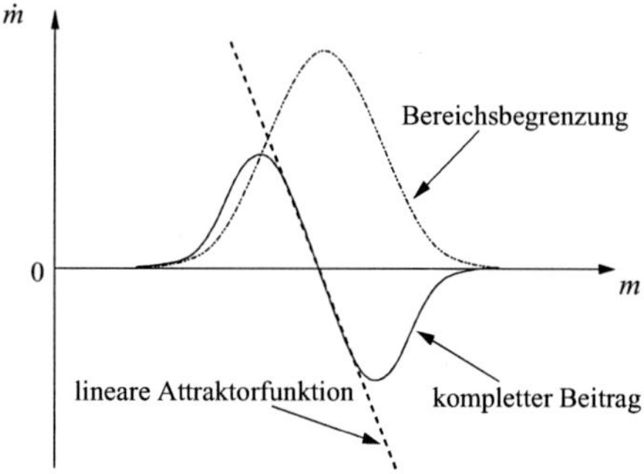

Abbildung 3.6: Die Multiplikation eines linearen Attraktors mit einer Gaussfunktion führt zu einem Attraktor mit begrenztem Einflussbereich.

Wird jeder Fixpunktattraktor zentriert mit einer Gaußfunktion der Breite σ multipliziert, wie in Abbildung 3.6 zu sehen, so ändert sich die Steigung des resultierendes Attraktors im Fixpunkt nicht, aber sein Einflussbereich wird begrenzt. Damit ergibt sich aus Gleichung 3.12 für mehrere Attraktorbeiträge folgende nichtlineare Differentialgleichung:

$$\dot{m} = \sum_{i=1}^{N} \lambda_i (m_i - m)\, e^{-\frac{(m_i - m)^2}{2\sigma_i^2}} , \qquad (3.18)$$

in der N die Anzahl der beitragenden Attraktoren angibt, λ_i die Stärke und σ_i den Einflussbereich jedes Attraktors i bezeichnet. Das Phasenraumbild eines solchen Attraktors zeigt Abbildung 3.7. Insgesamt ist zu beachten, dass die Begrenzung des Einflusses eines Beitrages zwangsläufig zu einer nichtlinearen Dynamik führt, da die Begrenzungsfunktion selbst nichtlinear ist.

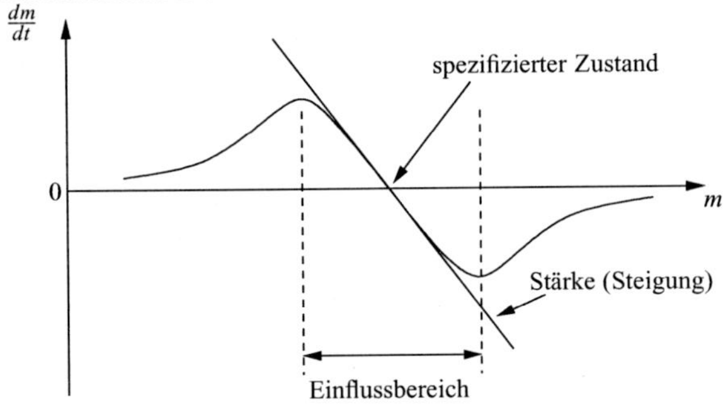

Abbildung 3.7: Stärke (Steigung) eines Attraktors und dessen Einflussbereich (Breite der Gaußfunktion: $2 \cdot \sigma$).

Für reale Anwendungen ist der Einflussbereich der Gaußfunktion meist durch ihre Diskretisierung oder durch eine Schwellwertfunktion begrenzt. Daher werden vom zugehörigen Attraktor nur noch Werte angezogen, die innerhalb dieses Einflussbereiches liegen. Außerhalb des Einflussbereiches werden Zustände wegen der positiven Steigung vom Attraktor abgestoßen (Abb. 3.7). Im Weiteren werden diese stabilen Zustände mit einem begrenzten Einflussbereich *lokale Attraktoren* genannt.

3.2.4 Mittelung und Entscheidungsfindung

Das Konzept der individuellen Stärke eines Beitrages ist die Grundlage für die Kombination von Informationsbeiträgen. Die Ausstattung jedes Beitrages mit einem gewissen Einflussbereich bestimmt, wie verschiedene Beiträge interagieren. Für nur einen Beitrag gibt es selbst bei unendlich großem Einflussbereich keine Probleme. Die Zeitskala τ des Attraktors definiert, wie schnell ein Fixpunkt erreicht wird.

Sind mehrere Attraktoren auf Grund verschiedener Informationsbeiträge vorhanden, ergibt sich eine Wechselwirkung zwischen diesen. Kleine Abstände zwischen einzelnen Attraktoren ergeben bei der Superposition einen einzigen gemittelten Attraktor. Dies entspricht einer linearen Mittelung, die zuvor auch mit linearen Attraktoren geleistet werden konnte. Das Phasenraumbild in Abbildung 3.8 zeigt zwei ähnliche Informationsbeiträge, die benachbarte Attraktoren bilden, sowie den gemittelten Attraktor nach deren Fusion.

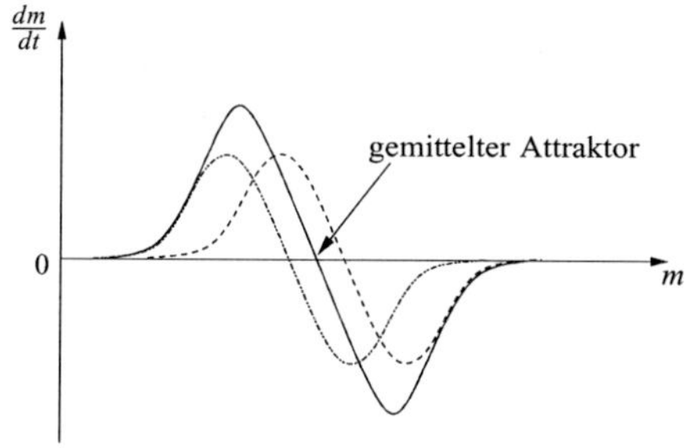

Abbildung 3.8: Beispiel einer Mittelung: Liegen zwei Attraktoren nahe genug beieinander (gestrichelte und strichpunktierte Linien), so dass sich ihre Einflussbereiche überlappen, dann mittelt die Dynamik über diese (durchgezogene Linie).

Sind zwei Attraktoren vorhanden, die in einem großen Abstand voneinander liegen, so führt deren Addition nach Gleichung 3.18 zu zwei separaten Fixpunkten an den Positionen der Einzelattraktoren (Abbildung 3.9). Damit ist eine Entscheidungsfindung nötig. Welcher der beiden Attraktoren den Gesamtzustand der Dynamik bestimmt, hängt vom momentanen Verhaltenszustand m ab. Das System wählt den Attraktor aus, in dessen Einflussbereich σ_i der momentane Verhaltenszustand m liegt. In anderen Worten bedeutet dies, dass die Breite der Überlappung zwischen den Teilinformationen durch den Einflussbereich der Beiträge und deren Distanz im Phasenraum bestimmt wird. Ähnliche Informationen werden demnach gemittelt, während zwischen stark unterschiedlichen Informationen eine Entscheidung durch das System gefällt wird. Daraus ergibt sich eine entsprechende Fusion dieser Informationen.

Abbildung 3.10 zeigt wieder ein Beispiel aus der Robotik, bei dem es darum geht, einen Roboter so zu steuern, dass er bei der Lösung einer ihm gestellten Aufgabe nicht mit Hindernissen kollidiert. Die Hindernisse sind wieder als zu vermeidende Fahrtrichtungen durch Repelloren im Phasenraumbild repräsentiert. Wenn der Winkelabstand zu beiden Hindernissen vom Roboter aus hinreichend klein ist wie bei Position 1, überlappen die Beiträge stark und ein einziger Repellor ergibt sich durch die Fusion mit der Dynamik als mittlere Hindernisrichtung (Abb. 3.11 oben). Die Breite des Abstoßungsbereiches ist dort größer als bei einem einzigen Repellor.

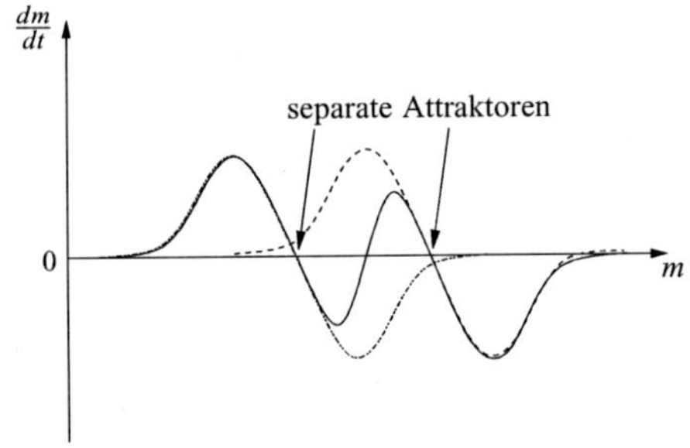

Abbildung 3.9: Beispiel einer Entscheidungsfindung: Überlappen die Einflussbereiche zweier Attraktoren nicht (gestrichelte und strichpunktierte Linien), bleiben beide als separate Attraktoren nach der Superposition (durchgezogener Linie) erhalten, so dass zwischen beiden entschieden werden muss.

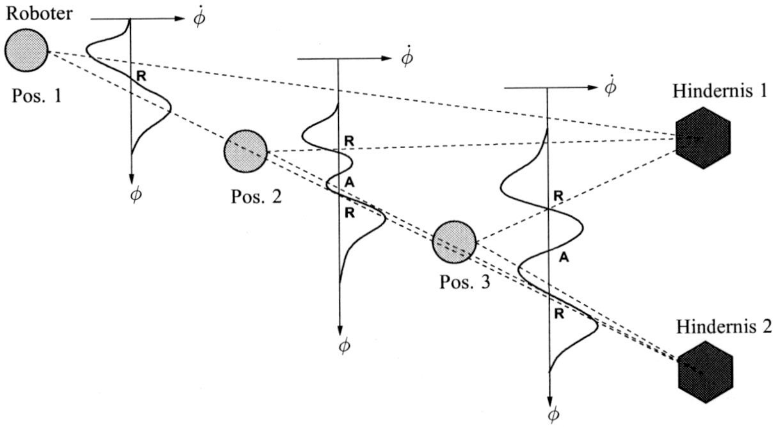

Abbildung 3.10: Während der Fahrt eines Roboters in Richtung eines Hindernisses ändert sich die Dynamik durch die Fusion der Einzelattraktoren von einem Repellor (R) zu zwei Repelloren mit einem Attraktor (A). Dadurch wird eine Entscheidungsfindung notwendig.

Vergrößert sich der Winkelabstand der Richtungen des Roboters zu den Hindernissen, z. B. indem der Roboter auf ein Hindernis zufährt, entfernen sich die relativen Positionen der Einzelrepelloren voneinander. Bei einem bestimmten Grenzwinkel entstehen

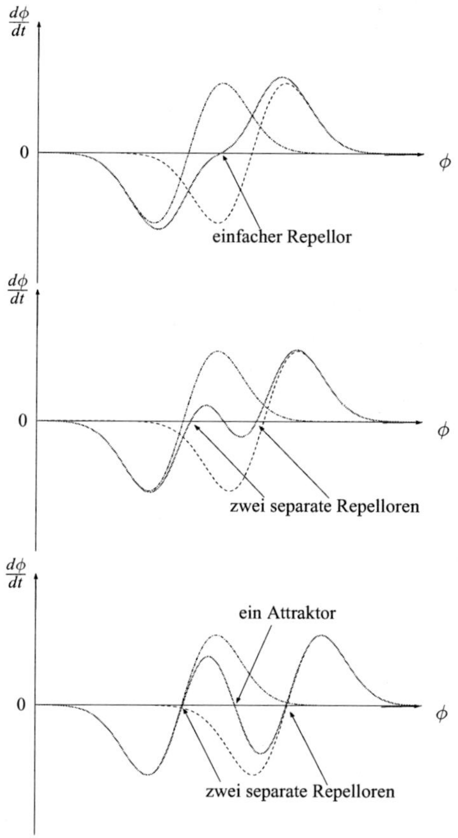

Abbildung 3.11: Mittelung und Entscheidungsfindung am Beispiel einer Hindernisvermeidung bei einer Robotersteuerung: Zwei individuelle Hindernisse, die als Repelloren dargestellt sind (gestichelte und strichpunktierte Linien) überlappen bei geringen Winkelabständen aus der Sicht des Roboters und ergeben einen gemeinsamen Repellor (oben). In diesem Fall wird der Roboter um die Hindernisse herumfahren. Wenn der Roboter näher an die Hindernisse heranfährt, wird der Winkelabstand größer und der Repellor spaltet sich in einen Attraktor und zwei separate Repelloren (Mitte). Ist er sehr nahe vor den Hindernissen, wird der entstandene Attraktor stärker (unten). In diesen Fällen hängt die Entscheidung des Roboters von seinem momentanen Zustand ab. Liegt dieser im Bereich des Attraktors, entscheidet er sich, zwischen den Hindernissen hindurchzufahren. (Nach Schöner et al. [1995])

zwei Repelloren mit dazwischenliegendem Attraktor (Abb. 3.11 mittig). Dann wird aus der Mittelung eine Entscheidungsfindung. Das System bestimmt auf Grund seines Zustandes selbsttätig, in welche Richtung der Roboter fahren soll. Da der auftretende Attraktor sowohl eine geringe Stärke als auch einen eng begrenzten Einflussbereich aufweist und der Systemzustand nicht unbedingt in diesem Bereich liegen muss, kann der Roboter zu der Entscheidung gelangen, um die Hindernisse herumzufahren. Diese Entscheidung kann sich ändern, wenn die Summation der einzelnen Repelloren bei größerem Abstand voneinander zu zwei etwa gleich starken Repelloren, aber auch zu einem starken dazwischenliegenden Attraktor führt, wie in Abbildung 3.11 unten zu sehen. Diese Situation entspricht einer relativ nahen Position des Roboters zu den beiden Hindernissen, wie in Abbildung 3.10 bei Position 3. Wegen des größeren Einflussbereiches des Attraktors ist es wahrscheinlicher, dass sich der Systemzustand, d. h. die momentane Richtung des Roboters, in diesem Bereich befindet. Dann wird sich der Roboter dafür entscheiden, zwischen den Hindernissen hindurchzufahren.

Damit lässt sich die wohl wesentlichste Aussage über den Nutzen des dynamischen Ansatzes zur Fusion unterschiedlicher Information machen:

Unter der Berücksichtigung der relativen Stärken und der jeweiligen Einflussbereiche der Attraktoren ist das System in der Lage, eine Entscheidung darüber zu treffen, ob es zwischen gegebenen Attraktoren mittelt oder ob es einen einzigen auswählt, der die vorgegebene Aufgabe am besten löst (siehe auch Steinhage 1998).

3.2.5 Bifurkationen

Das Verhalten eines Roboters kann am Beispiel der Zielerkennung aus Kapitel 3.2.2 nicht nur durch die relative Lage der Attraktoren zueinander, sondern auch durch die Wahl unterschiedlicher Attraktorstärken oder Einflussbereiche gesteuert werden. In Abhängigkeit der Parametrisierung $\mathbf{p}$ des autonomen Systems

$$\dot{\mathbf{m}} = \mathbf{F}(\mathbf{m}, \mathbf{p}) \tag{3.19}$$

interessiert, ob sich die Stabilität eines Fixpunktes der Dynamik ändert. Eine solche Änderung wird als *Bifurkation* bezeichnet (vgl. Kapitel 3.1). Ein eindimensionaler Parameterwert p^0 , bei dem der Fixpunkt in Gleichung 3.19 von einem Attraktor zu einem Repellor wird, heißt Bifurkationswert [Perko 1991, Kap. 4]. Ein Fixpunkt $m^0 = m(p^0)$ durchläuft dann eine Bifurkation, wenn ein Realteil der Eigenwerte der Jacobimatrix sein Vorzeichen ändert. Dazu untersucht man die Fixpunkte $m = m(p)$ (oder die Abhängigkeit $p = p(m)$) der eindimensionalen Form der Gleichung 3.19, für die $F(m, p(m)) = 0$ wird. Wenn $p^0 = p(m^0)$ der kritische Parameterwert ist, an dem m^0 seine Stabilität verliert, kann gezeigt werden, dass bei (m^0, p^0) ein sogenannter regulärer Umkehrpunkt vorliegt und der Graph von $p = p(m)$ die Gerade $p = p^0$ quadratisch,

d. h. nur auf einer Seite tangiert. Solch eine Bifurkation nennt man *Tangentenbifurkation*. Sie wird auch als *Sattel-Knoten-Bifurkation* bezeichnet [Jetschke 1989]. Dies entspricht dem einfachen Beispiel einer eindimensionalen Differentialgleichung der Form

$$\dot{m} = F(m,p) = p - m^2 \qquad m,p \in \mathbb{R}^1 \,. \tag{3.20}$$

Setzt man das Vektorfeld zu null, ergeben sich folgende Fixpunkte:

$$p - m^2 = 0 \Rightarrow m_{\mathrm{Fix}} = \pm\sqrt{p} \quad p \geq 0. \tag{3.21}$$

Zur Bestimmung der Stabilität wird die Ableitung des Vektorfeldes am Fixpunkt betrachtet:

$$\left.\frac{dF(m,p)}{dm}\right|_{m_{\mathrm{Fix}}} = -2m_{\mathrm{Fix}} = \mp 2\sqrt{p} \,. \tag{3.22}$$

Das zugehörige Bifurkationsdiagramm ist in Abbildung 3.12 zu sehen.

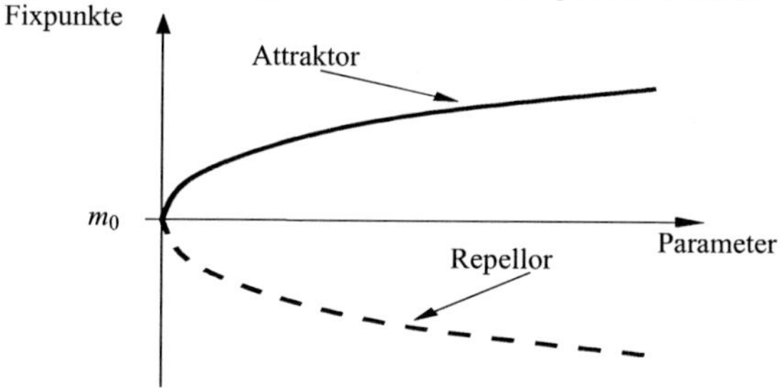

Abbildung 3.12: Diagramm der Tangentenbifurkation: Die Fixpunkte sind als Funktion der externen Parameter dargestellt. Ein Attraktor (durchgezogene Linie) und ein Repellor (gestrichelt) stoßen zusammen und heben sich auf, wenn die relative Gewichtung zwischen den zwei Beiträgen verändert wird. Ein entfernter Attraktor wird nicht beeinflusst. Die entsprechende Dynamik ist in Abb. 3.13 zu sehen.

Abbildung 3.13 zeigt, wie eine Tangentenbifurkation in einem dynamischen System zur Zielerkennung erzeugt werden kann. In diesem Fall spezifizieren zwei Beiträge jeweils lokale Attraktoren, die in einem konstanten Abstand voneinander liegen. Variiert wird in Abbildung 3.13 die relative Stärke dieser beiden Beiträge. Da der linke Attraktor instabil wird, zieht der Überlapp des dynamischen Beitrages auf der rechten Seite den Repellor und den linken Attraktor zusammen. Beide stoßen im mittleren Bild aufeinander und ergeben einen instabilen Sattelpunkt. Im unteren Bild ist dieser verschwunden, da der rechte Attraktor gegenüber dem anderen zu stark ist. Damit bestimmt der rechte Attraktor allein das Gesamtverhalten der Dynamik.

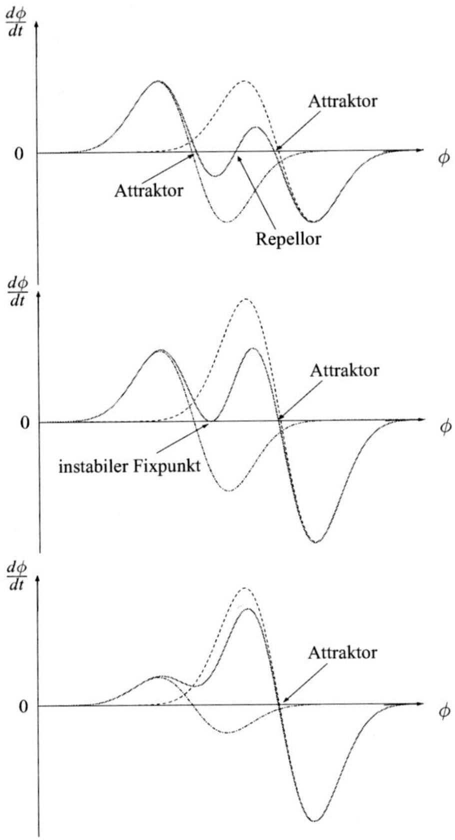

Abbildung 3.13: Tangentenbifurkation in der Dynamik der Zielerkennung: Von oben nach unten wird die relative Gewichtung der beiden Beiträge (in gestrichelten und strichpunktierten Linien) variiert. Wenn beide Beiträge gleich stark sind (Bild oben), ist das System bistabil. Weil der linke Beitrag an Stärke verliert, wird der resultierende Attraktor instabil, da er mit einem Repellor zusammenfällt und an diesem Punkt tangential zur ϕ-Achse liegt (Bild Mitte). Der zum linken Beitrag korrespondierende Attraktor ist verschwunden (Bild unten), nachdem das Gewicht des linken Beitrages weiter reduziert wurde. (Nach Schöner et al. [1995])

Eine Bifurkation lässt sich auch am Beispiel der Hindernisvermeidung aus Abbildung 3.10 erklären: Zur Parametrisierung der Hindernis–Repelloren kann der Winkelabstand zwischen zwei Hindernissen genutzt werden, so dass die Positionen der Attraktoren und Repelloren als Funktion dieses Parameters dargestellt werden können. Bei kleineren Abständen ergibt sich ein einziger Repellor aus den überlappenden Hindernisbeiträgen. Vergrößert man den Winkelabstand, so tritt bei einem kritischen Abstandswert eine Instabilität auf und der Repellor spaltet sich in zwei Repelloren und einen dazwischenliegenden Attraktor auf. Man spricht dabei von einer *subkritischen Heugabel-Bifurkation*, die bei einer kubischen Nichtlinearität der Form $\dot{m} = pm - m^3$ auftreten kann [Jetschke 1989; Perko 1991]. Das entsprechende Bifurkationsdiagramm zeigt das linke Diagramm in Abbildung 3.14. Das bedeutet, dass einer der Eigenwerte der Dynamik einen Realteil von null hat, was einer unendlichen Relaxationszeit entspricht. Dieses Szenario wurde bereits in Abbildung 3.11 dargestellt. Das System ändert dort sein Verhalten vom *Mitteln* zum *Entscheiden*.

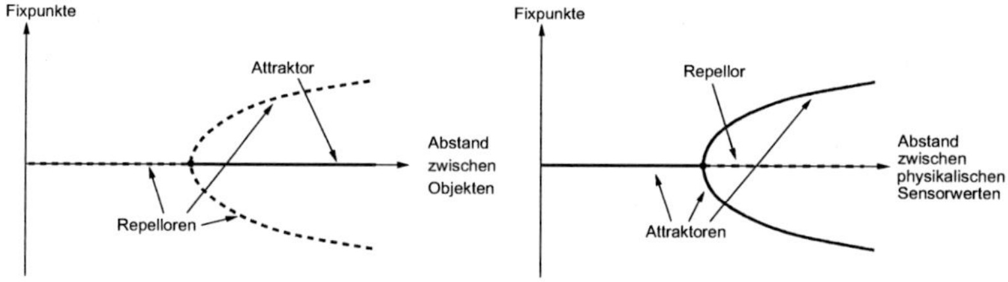

Abbildung 3.14: Bifurkationsdiagramme: Fixpunkte sind als Funktion externer Parameter dargestellt. Durchgezogene Linien bezeichnen Attraktoren und gestrichelte Linien Repelloren. Ein Verzweigungspunkt heißt Bifurkationspunkt. (Links) Beispiel einer *subkritischen Heugabel-Bifurkation* als Funktion des Winkelabstandes zwischen zwei erkannten Hindernissen. (Rechts) Beispiel einer *superkritischen Heugabel-Bifurkation*, wie sie in der Dynamik einer Sensorfusion auftreten kann.

Bisher wurde gezeigt, dass das Auftreten von Instabilitäten dynamischer Systeme nach Gleichung 3.19 durch die Parametrisierung beeinflussbar ist. Die Fixpunkte und ihre Eigenwerte können als Funktion dieses Parameters bestimmt werden. Bifurkationspunkte liegen dort, wo das Vektorfeld verschwindet und die Realteile der Eigenwerte null sind. Die Parameter der Dynamik können auch so eingestellt werden, dass eine Bifurkation nur an gewünschten Punkten auftritt. Wird der Winkel zwischen den beiden Hindernissen beim obigen Roboterbeispiel als Parameter genutzt, dann kann der Punkt, bei dem die subkritische Heugabel-Bifurkation auftritt, durch die entsprechende Wahl dieses Winkels festgelegt werden. In Abhängigkeit vom Abstand des Roboters zu den Hindernissen kann ermittelt werden, wann der Roboter auch physikalisch zwischen diesen hindurchfahren kann. Daher ist das Auftreten der Instabilitäten eine notwendige Voraussetzung für eine Entscheidungsfindung.

Mit Hilfe der Bifurkationstheorie lässt sich ein komplettes System entwerfen, das vorgegebene Bifurkationspunkte integriert. Die Entscheidung, ob ein Roboter nur zwischen zwei Richtungen zu zwei anzufahrenden Zielen mittelt oder eine Entscheidung für eine Zielanfahrt trifft, basiert auf einer Bifurkation. Im Wesentlichen ist sie die gleiche Entscheidung, die man bei die Hindernisvermeidung erhielt, nur mit dem Unterschied, dass Attraktoren und Repelloren vertauscht sind. Solch eine Bifurkation wird *superkritische Heugabel-Bifurkation* genannt (Abbildung 3.14 rechts). Sie führt zu bistabilem Verhalten, wenn die zwei Zielrichtungen nicht fusioniert werden können. Welche Zielanfahrt dann realisiert wird, hängt von der zeitlichen Vergangenheit der Zustandsgröße ab. Die Dynamik wird eine Richtung ermitteln, die mit der bisherigen Fahrtrichtung des Roboters übereinstimmt, bis der mit dieser Zielvorgabe gekoppelte Attraktor instabil wird. Diese Erscheinung wird *Hysterese* genannt (Jetschke 1989, Kap. 2). Sie wird bei der Verhaltenserzeugung genutzt, um die Stabilität des Systems trotz zeitgleich auftretender verschiedener Verhalten zu gewährleisten. Damit wird das eine Verhalten so lange aufrecht erhalten, bis das zweite Verhalten höheres Gewicht erlangt. Dann wird schnell zu dem zweiten Verhalten umgeschaltet.

In diesem Unterkapitel wurde gezeigt, dass die Bifurkationstheorie, die die Menge lokaler Bifurkationen klassifiziert, zum Entwurf einer Verhaltensdynamik genutzt werden kann. Darüber hinaus erlauben Bifurkationen flexible Entscheidungsfindungen in autonomen Systemen. Flexibilität erhält man dort, wo eine graduelle Informationsänderung zu einer qualitativen Verhaltensänderung führen kann. Diese qualitative Änderung kann als Wechsel definiert werden, bei dem die Anzahl, Art oder Stabilität von Attraktoren und Repelloren geändert werden.

3.2.6 Zusammenfassung

Durch den dynamischen Ansatz lassen sich komplexe Verhaltensweisen technischer Systeme beschreiben. Nach der Extraktion geeigneter Verhaltensvariablen kann die Aufgabe einer Fusion unterschiedlicher Verhalten als dynamisches System parametrisiert werden. Damit lässt sich eine solche Aufgabe auf einzelne Punkte oder auf eine Anzahl von Punkten des Phasenraumes der Verhaltensdynamik abbilden. Jeder Verhaltensbeitrag ist unter Verwendung der gefundenen Zustandsvariablen so darzustellen, dass ein Attraktor für einen zu erreichenden Verhaltenszustand bzw. ein Repellor für einen zu vermeidenden Zustand gebildet wird. Die Kopplung aller Attraktoren bzw. Repelloren führt zu logischen Wechselwirkungen zwischen ihnen, wodurch ein neues Gesamtverhalten generiert wird. Auf Grund der unterschiedlichen Einflüsse der Beiträge hinsichtlich eines gewünschten Verhaltens, muss der Entwickler im Wesentlichen drei Aspekte beim Entwurf eines dynamischen Systems berücksichtigen:

- Welcher Verhaltensbeitrag soll durch einen Attraktor bzw. Repellor in der Dynamik spezifiziert werden?
- Wie stark soll dieser Beitrag sein, d. h. welches Gewicht soll er erhalten?
- Welche anderen Verhaltensbeiträge sollen in welchem Maß durch einen Beitrag betroffen werden, d. h. wie groß soll der Einflussbereich des Attraktors eines Beitrages sein?

Die wichtigste Eigenschaft des dynamischen Ansatzes zur Verhaltenssteuerung ist, dass auf Grund der Beschreibungsform von Beiträgen als Attraktoren bzw. Repelloren qualitative Verhaltensänderungen in quantitative Änderungen der Parameter umgesetzt werden. So lassen sich beliebige geforderte Verhaltensweisen erzeugen.

In der vorliegenden Arbeit gilt es nun, die wissenschaftliche Theorie dynamischer Systeme auf das spezifische Problem der Sensorfusion, nämlich der informationserhaltenden Kopplung von Sensordaten zu übertragen. Die im Folgenden vorgeschlagene Architektur wird daher von dem hier beschriebenen *dynamischen Ansatz* zur Verhaltensgenerierung abgeleitet. Es entwickelt sich daraus ein neues, eigenständiges Konzept zur Fusion von Multisensordaten.

Die Grundideen der Anwendung des dynamischen Ansatzes zur Sensorfusion sind dabei folgende: Mit der Beschreibung der Sensordaten durch Attraktoren einer geeigneten Zustandsvariablen lassen sich diese in einem dynamischen System fusionieren. Dabei wird ähnliche Information durch benachbarte Attraktoren dargestellt, die wegen der Nichtlinearität in einem begrenzten Bereich überlappen. Dies führt zu einer Mittelung der Information durch die Dynamik. In ihrer Aussage unterschiedliche Informationsbeiträge werden durch voneinander entfernt liegende Attraktoren kodiert, so dass eine Entscheidung des Systems zu Gunsten einer Information getroffen wird. Auf Grund der Abhängigkeit der Entscheidung vom momentanen Wert der Zustandsvariablen wird die Wahl eines Attraktors auch dann beibehalten, wenn kurzzeitig ein Sensor andere, z. B. vorrübergehend fehlerhafte Information liefert. Dies entspricht einem Hystereseverhalten der Zustandsvariablen. Solch ein dynamisches System zur Sensorfusion wird im nächsten Kapitel vorgestellt.

4 Einsatz dynamischer Systeme zur Sensorfusion

Das Ziel jeder Fusionstechnik ist es, eine verbesserte Genauigkeit der gesuchten Größe durch die Ausnutzung redundanter Information und zusätzliche Erkenntnisse durch sich ergänzende Information mehrerer Sensoren zu erhalten. Dies führt zu besseren und sichereren Schlussfolgerungen. Einen allgemeinen Überblick über theoretische und anwendungsorientierte Arbeiten gibt Varshney [1997]. Multisensorumgebungen erzeugen üblicherweise große Datenmengen, wobei die einzelnen Sensoren oft unterschiedliche Charakteristika, Verstärkungen, Sättigungsgrenzen und Zuverlässigkeiten besitzen. Zusätzlich sind die meisten Sensoren unterschiedlichen Störungen ausgesetzt und die Daten deshalb fehlerbehaftet. Darüber hinaus können sich die Störungen selbst auf Grund der zeitlichen Änderungen in der natürlichen Umgebung verändern. Dies ist dann von Belang, wenn eine Messreihe aufgenommen wird. Um diese Probleme zu lösen, wurden, wie in Kapitel 2.6 vorgestellt, eine Vielzahl verschiedenartiger Fusionstechniken entwickelt, die Fuzzy Logik, Neuronale Netze oder weitere Ansätze benutzen [Brooks und Iyengar 1998].

Im folgenden Unterkapitel wird ein neuer, allgemeingültiger Ansatz zur Sensorfusion vorgestellt. Er hat gegenüber einer Fusion von Sensordaten durch eine arithmetische Mittelung den Vorteil, auch nichtlineare Effekte wie Änderungen der Sensorabstimmung oder zeitliche Ausfälle zu berücksichtigen. Die Fusionsarchitektur basiert auf einem nichtlinearen dynamischen System, das in Kapitel 3.2 eingeführt wurde. Die Information über eine gemessene physikalische Größe wird dabei in das mathematische Konzept nichtlinearer Attraktordynamiken übersetzt. Eine Besonderheit dieses Ansatzes ist, dass Information sich nicht nur auf Sensordaten beschränkt, sondern sich auf jede Form von Wissen über ein physikalisches System bezieht (siehe auch Seite 6). Das schließt Expertenwissen ausdrücklich mit ein. Durch die vereinheitlichte Informationsdarstellung in Form lokaler stabiler Zustände der Dynamik wird das Problem der unterschiedlichen Herkunft dieser Information gelöst. Es wird gezeigt, dass durch die additive Kopplung der Attraktoren einzelner Informationsbeiträge und unter Berücksichtigung des momentanen Zustandes der Dynamik das System selbsttätig Ausreißer in den Sensordaten eliminiert und weitere stochastische Fehler korrigiert.

Als Beispiel der Anwendung und zur Erläuterung des Aufbaus eines solchen dynamischen Systems werden im zweiten Teil dieses Kapitels (4.2) einfache Simulationen zur Fusion von Temperaturmessungen und die in Kapitel 2 beschriebene Problematik zur Bestimmung der Öldickenverteilung auf der Meeresoberfläche genutzt.

Zusätzlich wird in Kapitel 4.3 gezeigt, wie die entwickelte Architektur des dynamischen Systems erweitert werden kann. Dazu werden drei Erweiterungen vorgestellt, die unterschiedliche Ziele verfolgen. Erstens wird eine mögliche unterschiedliche Güte eines Sensors innerhalb seines Messbereiches durch die entsprechende Wahl einer Parameterfunktion für die Attraktorstärken aller Beiträge dieses Sensors berücksichtigt. Zweitens wird ein automatischer Rekalibriermechanismus vorgestellt, der auf dem zuvor entwickelten dynamischen System aufbaut, um systematische Fehler, wie zum Beispiel Driften oder Offsetverschiebungen in den Daten zu korrigieren. Drittens wird die Topologie einer zweidimensionalen Messung berücksichtigt, indem die Nachbarschaft eines Messpunktes eingebunden wird, um eine Entscheidung des Systems zu Gunsten eines Wertes der Zustandsgröße zu stützen.

4.1 Dynamischer Ansatz zur Sensorfusion

4.1.1 Repräsentation von Informationsbeiträgen als Attraktoren

Die Grundidee hinter diesem Ansatz zur Sensorfusion ist es, Informationen über ein mittels Sensoren beobachtetes physikalisches System als lokale Stabilitätspunkte oder sogenannte „Attraktoren" (siehe Kap. 3.2.2) eines nichtlinearen dynamischen Systems zu repräsentieren [Steinhage und Schöner 1998].

Physikalische Zustandsvariablen

In Kapitel 3 wurde erläutert, was man unter dem Begriff der dynamischen Zustandsvariablen versteht. Um das dort vorgestellte dynamische System zur Sensorfusion nutzen zu können, muss die Zustandsvariable, die immer den momentanen Systemzustand beschreibt und mit m bezeichnet werden soll, einer tatsächlichen physikalischen Größe einer speziellen Fusionsaufgabe entsprechen. Die demnach zu bestimmende Größe kann ein Skalar oder ein Vektor sein.

Die Zustandsvariable kann zum Beispiel eine Temperatur T sein, die in einer Flüssigkeit mit Hilfe mehrerer Thermometer an verschiedenen Stellen gemessen wird. Fast jede physikalische Größe eignet sich als Zustandsvariable m einer Dynamik, wenn sie kontinuierlich oder in zeitlich oder räumlich äquidistanten Abständen gemessen werden kann. Sie darf sich jedoch nur auf einer definierten endlichen Zeitskala ändern und muss immer einen bestimmten Wert besitzen. Dann wird das dynamische System als „instantiiert“ bezeichnet.

Ein zweites Beispiel einer physikalischen Zustandsvariablen ist die Dicke d bei der Bestimmung der zweidimensionalen Dickenverteilung von Ölverschmutzungen auf der Meeresoberfläche. Die Dicke muss zu jeder Zeit einen positiven Messwert besitzen. Auf die besonderen Messbedingungen und das Messsystem wird in Kapitel 4.2 näher eingegangen. Die physikalische Größe wird meistens durch störende Einflüsse überlagert, die die Güte einer Messung verschlechtern und daher unerwünscht sind. Deshalb ist eine Dynamik zu entwerfen, die nach kurzzeitig auftretenden Änderungen in jedem Fall wieder in einen stabilen Zustand relaxiert. Dieses Verhalten besitzen Fixpunktattraktoren, die bereits in Kapitel 3.2 erläutert wurden.

Attraktoren

Fixpunktattraktoren stellen asymptotisch stabile Zustände dar. Wie in Kapitel 3.2.2 gezeigt, kann verschiedene Information bezüglich einer physikalischen Größe als Attraktor einer entsprechenden Zustandsvariable repräsentiert werden. Durch Messungen verschiedener Sensoren will man sich ergänzende Information über eine physikalische Größe gewinnen. Die gesammelten Sensordaten müssen dann neben zusätzlichen Informationen in geeigneter Form fusioniert werden, um die beste Schätzung für den wahren Wert einer Messgröße zu ermitteln. Daher wird im Weiteren jegliche Information, unabhängig von ihrer Art und Herkunft, als additiver Attraktor einer nichtlinearen Dynamik der gewählten Zustandsvariable in der folgenden eindimensionalen Form beschrieben:

$$\dot{m} = \frac{1}{\tau} \sum_k F^{(k)}(m, \mathbf{p}, t) . \tag{4.1}$$

Darin beschreibt $\dot{m}$ die zeitliche Ableitung der physikalischen Zustandsvariablen m. Sie wird in diskreten Zeitabschnitten betrachtet. Für die Zeitkonstante τ der Differentialgleichung wird im Weiteren der Begriff „Zeitskala“ benutzt. Diese bestimmt, wie schnell sich die Zustandsvariable m über der Zeit t ändern kann. Mit $F^{(k)}$ werden die einzelnen Beiträge zum Sensorfusionsprozess bezeichnet, die jeweils aus einer Summe von Attraktoren bestehen können. Diese sind abhängig vom Zustand m des Systems, einem Parametersatz $\mathbf{p}$ und der Zeit t. Sie können beispielsweise von verschiedenen Sensordaten $F^{(S)}$ stammen, a-priori Wissen oder Expertenwissen $F^{(A)}$ beinhalten oder zusätzliche Informationen über die Nachbarschaft $F^{(N)}$ eines Messpunktes beschreiben:

$$\tau \cdot \dot{m} = F^{(S)}(m) + F^{(N)}(m) + F^{(A)}(m) + \dots \ . \tag{4.2}$$

Auf Grund der einfachen Darstellung verschiedenartiger Information durch Attraktoren einer Zustandsvariablen kann die Dynamik leicht um zusätzliche Beiträge $F^{(k)}$ erweitert werden.

Diese Dynamik wird durch die Iteration der Differentialgleichung unter Benutzung der numerischen Approximation der *Euler*–Methode [Braun 1988] bei vorgegebenen Anfangswerten gelöst. Damit definiert das dynamische System eine Iterationsregel für die gesuchte Größe m. Wenn die Parameter und die Zeitskala der Dynamik entsprechend gewählt werden, konvergiert die Zustandsvariable in einen stabilen Zustand, der aus der nichtlinearen Superposition aller Fixpunkte resultiert. Dieser Zustand repräsentiert dann eine Schätzung des physikalischen Zustandes des Gesamtsystems zum Zeitpunkt der Messung.

Als einfaches Beispiel wird im Folgenden zunächst nur die Sensorinformation $F^{(S)}$ von N verschiedenen Sensoren betrachtet und in einer nichtlinearen zeitinvarianten Differentialgleichung als Summe lokaler stabiler Fixpunkte beschrieben:

$$\begin{aligned} \tau \cdot \dot{m} &= F^{(S)}(m,\mathbf{p}) = \sum_{n=1}^{N} f_n(m,\mathbf{p}) \\ &= \sum_{n=1}^{N} \lambda_n \, (s_n - m) \, e^{-\frac{(s_n-m)^2}{2\sigma_n^2}} \,. \end{aligned} \tag{4.3}$$

Die rechte Seite der Gleichung 4.3 zeigt eine Summe von mit λ_n gewichteten linearen Fixpunkten an $m^* = s_n$. Die Fixpunkte werden mit einer Gaußfunktion der Breite σ_n multipliziert, die deren Einflussbereiche lokal begrenzen. In diesem Fall bilden λ_n und σ_n den Parametersatz $\mathbf{p}$. Mit s_n werden die Messwerte bezeichnet, die sich aus N betrachteten Sensorquellen ergeben. Damit die Fixpunkte auch Attraktoren spezifizieren, müssen folgende Bedingungen erfüllt sein (siehe auch Kapitel 3.2):

$$F^{(S)}(m^* = s_n) \;=\; 0 \quad \text{und} \tag{4.4}$$

$$\left.\frac{\partial f_n}{\partial m}\right|_{m^*=s_n} = -\lambda_n \;<\; 0\,. \tag{4.5}$$

Folglich handelt es sich nur dann um Attraktoren für s_n, wenn die λ_n für jeden Sensor n positiv sind. Diese Parameter beschreiben die Gewichtung der einzelnen Informationen, die mit der Verlässlichkeit der jeweiligen Informationsquelle korrespondieren sollte und als Attraktorstärken bezeichnet werden. Die Attraktorstärken bewerten demnach z. B. einen Sensor bezüglich der Messunsicherheit abhängig vom Messbereich sowie der Ausfallhäufigkeit oder des Auftretens von Offsetsprüngen in den Daten und können daher für verschiedene Sensoren unterschiedlich sein. Die σ_n definieren die Einflussbereiche der jeweiligen Attraktoren und sind hauptsächlich für die Dämpfung der Ausreißer in den Messwerten verantwortlich, wie im Folgenden erläutert wird (siehe dazu auch Kapitel 3.2). Über diese Parameter wird der Einfluss jedes Sensors auf die Zustandsvariable m und damit das Verhalten des gesamten Systems gesteuert.

Auf die Wahl der Parameter und die Initialisierung der Dynamik, die zur numerischen Lösung der Differentialgleichung notwendig ist, wird im nächsten Unterkapitel eingegangen. Die Auswirkungen der Parametervariation werden ausführlich bei der Vorstellung der Ergebnisse in Kapitel 5.1 diskutiert.

4.1.2 Parametereinstellung und Initialisierung

Im Folgenden soll der Einfluss der in der Gleichung 4.3 auftretenden Parameter bezüglich der Fusionsgüte bei unterschiedlichen Einstellungen untersucht werden. In diesem einfachen dynamischen System gibt es drei Parameter:

- die Zeitskala τ,
- die Attraktorstärken λ_n und
- die Einflussbereiche σ_n der Attraktoren.

Im Allgemeinen ist die Wahl dieser Systemparameter unkritisch, so dass sie in einem relativ breiten Bereich eingestellt werden können. Nachfolgend werden diese drei Parameter genauer diskutiert.

Im zweiten Abschnitt dieses Unterkapitels wird kurz auf die Wahl der Anfangswerte für die Initialisierung des dynamischen Systems eingegangen. Ausführlicher wird die Wahl der Anfangswerte in Gorontzi [1998] diskutiert.

Parametereinstellung

Die Änderungsfähigkeit des Systemzustandes wird durch die Zeitskala τ beeinflusst. Die einzige Bedingung für deren Wahl ist, dass die Dynamik auf einer schnelleren Zeitskala läuft als der physikalische Zustand, der durch die Sensoren gemessen wird. Kleine Werte erhöhen die Möglichkeit der Dynamik, sich schnellen Änderungen in den Sensordaten anzupassen, während große Werte ihre Adaptionsfähigkeit verringern. Betrachtet man die Zeitabhängigkeit der Dynamik, so kann Gleichung 4.3 zeitdiskret ($t \to k\Delta t, k \in \mathbb{N}, k \geq 1$) wie folgt geschrieben werden:

$$\tau \cdot \dot{m} = \tau \frac{m(k\Delta t) - m((k-1)\Delta t)}{\Delta t} \tag{4.6}$$

$$= \sum_{n=1}^{N} \lambda_n \left(s_n(k\Delta t) - m((k-1)\Delta t)\right) e^{-\frac{(s_n(k\Delta t) - m((k-1)\Delta t))^2}{2\sigma_n^2}} . \tag{4.7}$$

Diese Differentialgleichung muss bei vorgegebenen Werten s_n gelöst werden, die zunächst als konstant angenommen werden. Dies erfolgt durch die Iteration der obigen Gleichung 4.6. Wenn man $m(k\Delta t) - m((k-1)\Delta t)$ durch $\Delta m(k\Delta t)$ ersetzt, ergibt sich folgende Änderung für m pro Iterationsschritt:

$$\Delta m(k\Delta t) = \Delta t \cdot \dot{m}(k\Delta t) \, . \tag{4.8}$$

Damit bestimmt Δt die Schrittweite, mit der sich der zu bestimmende Wert m während eines Iterationsschrittes ändern kann. Der Wert und die Richtung der Änderung wird in Abhängigkeit der aktuellen Zustandsgröße m durch die Summe der Attraktoren nach Gleichung 4.6, also die rechte Seite der Gleichung 4.2 bestimmt. In folgender Gleichung wird diese Summe als F_{sum} bezeichnet:

$$\Delta m(k\Delta t) = \frac{\Delta t}{\tau} F_{sum} \, . \tag{4.9}$$

Die Zeitskala τ kann bei konstantem Δt als eine Art „Abtastrate" des Systemzustandes bezeichnet werden, denn je größer die Zeitskala gewählt wird, desto mehr wird der Verlauf der Zustandsvariablen geglättet. Wird der Parameter τ zu klein gewählt, so wird die Schrittweite zu groß, mit der sich der Zustand m ändert. Dann kann er über einen Fixpunkt hinweg springen, so dass das dynamische System möglicherweise einen fortlaufenden Vorzeichenwechsel der Zustandsänderung erfährt und somit Oszillationen aufweist oder sogar in einen nicht gewünschten Zustand konvergiert. Deshalb ist es sinnvoll, den Quotienten $\Delta t/\tau$ an den kleinsten Abstand zweier Attraktoren anzupassen, um nicht in einen falschen Fixpunkt zu konvergieren. Dividiert man Gleichung 4.3 durch τ und betrachtet der Einfachheit halber nur einen Sensor s für $n = 1$, dann erhält man:

$$\dot{m} = \frac{\lambda}{\tau}\,(s-m)\,e^{-\frac{(s-m)^2}{2\sigma^2}} \, . \tag{4.10}$$

Soll erreicht werden, dass sich der Zustand m höchstens um den Abstand σ, der Entfernung zwischen dem Maximum eines Attraktors und dem Fixpunkt selbst ändern darf, damit er in den nächsten Attraktor konvergiert, dann muss folgende Bedingung eingehalten werden:

$$\tau > \frac{\lambda}{\sqrt{e}} \approx 0.61\,\lambda \, . \tag{4.11}$$

Zur Vereinfachung wurde angenommen, dass nur ein Attraktor existiert. Im Allgemeinen sollte die Zeitskala bei konstantem Δt in Abhängigkeit der Summe F_{sum} aller Attraktoren gewählt werden, um sowohl ein schnelles als auch sicheres Konvergenzverhalten der Dynamik zu erzeugen.

Eng verbunden mit der Wahl der Zeitskala τ ist auch die Wahl Attraktorstärke λ_n der. Mit λ_n lassen sich die Qualitätseigenschaften einzelner Sensorbeiträge gewichten. Sie stellen folglich ein Maß für die „Bedeutung" eines Sensors bei der Sensorfusion dar. Der

Parameter λ_n eines Sensors n sollte groß sein, wenn auf Grund von Vorinformationen über das physikalische System bekannt ist, dass dieser Sensor qualitativ bessere bzw. verlässlichere Informationen liefert als ein anderer. Somit besitzen diese Sensorwerte einen größeren Einfluss auf das Fusionsergebnis. Ein ungenauerer Sensor, für den ein niedrigerer Wert gewählt wird, trägt dagegen weniger zum Fusionsergebnis bei.

In der Darstellung der Gleichung 4.10 sieht man den Zusammenhang zwischen der Attraktorstärke und der Zeitskala deutlicher. Wenn zum Beispiel λ vergrößert würde, hätte dies direkte Auswirkungen auf das Verhalten der Dynamik, da der Gesamtzeitfaktor $(\lambda/\tau)^{-1}$ dadurch automatisch verringert würde. Ist die Zeitskala während der Iteration der Dynamik konstant, so führt die individuelle Gewichtung jedes Attraktors mit eigenem λ_n zu quasi unterschiedlichen Zeitskalen der Sensorbeiträge s_n. Je größer die Attraktorstärken dann gewählt werden, desto geringer wird deren individuelle Zeitskala und desto schneller kann das System auf eine Änderung in den einzelnen Sensorwerten reagieren. Muss man zusätzliche Sensoren in der Dynamik berücksichtigen, wie in Gleichung 4.2 angedeutet, d. h. wird die Zahl der Attraktoren des dynamisches Systems erhöht, sollte darauf geachtet werden, dass die Summe aller Attraktorstärken nicht zu groß wird, da sich dies auf die Zeitskala auswirkt. Gegebenenfalls müssen die Attraktorstärken λ_n aller Beiträge angepasst werden.

Der Parameter σ_n definiert die Einflussbereiche der Attraktoren des jeweiligen Sensors n. Dieser Parameter beeinflusst die Fähigkeit des Systems, Ausreißer zu eliminieren, was beim Problem der Mittelung oder Entscheidungsfindung im nächsten Unterkapitel (4.1.3) gezeigt wird. Je größer die σ_n gewählt werden, desto größer wird die Wahrscheinlichkeit, dass sich mehrere Attraktorbereiche überlappen. Dies führt zur Mittelung dieser Beiträge im Gesamtsystem. Der resultierende Attraktor ist dann eine Art „demokratische" Entscheidung für den Zustand, für den die meisten Attraktoren „votieren". Es hat sich bewährt, alle σ_n-Werte der Sensoren gleich zu wählen, falls keine besonderen Informationen über die Qualität einzelner Sensoren vorliegen. Dieser wird dann mit σ_S bezeichnet. Zusätzliches Wissen hinsichtlich der Sensorgüte sollte jedoch eine Änderung des Parameters bedingen. Die Wahl der σ_n beeinflusst außerdem das Konvergenzverhalten der Dynamik. Die Einflussbereiche der Attraktoren müssen groß genug gewählt werden, damit die Dynamik nicht in einen suboptimalen Zustand konvergiert.

Insgesamt ist festzuhalten, dass es für die verschiedensten Anwendungsbereiche des hier entwickelten Verfahrens zur Sensorfusion schwierig ist, allgemeingültige Regeln zu der Wahl dieser drei Parameter aufzustellen. Umfangreiche Untersuchungen wurden dazu in Gorontzi [1998], Kapitel 5 gemacht. Dass man ohne eine optimierte Wahl der Parameter gute Ergebnisse erzielen kann, wie in Kapitel 5 zu sehen, zeigt die Robustheit des Verfahrens und stellt damit einen besonderen Vorteil dar.

Initialisierung der Dynamik

Das dynamische System nach Gleichung 4.3 kann prinzipiell mit beliebigen Werten initialisiert werden. Die Benutzung der arithmetischen Mittel $\bar{m_0}$ der Sensoreingänge s_n zum Zeitpunkt $t = 0$ nach Gleichung 4.12 als Initialisierungswerte ist intuitiv und führt, wie in Kapitel 5 zu sehen ist, zu guten Ergebnissen.

$$\bar{m_0} = \frac{1}{N}\sum_{n=1}^{N} s_n \tag{4.12}$$

Normalerweise sollte bei dieser Wahl der Startwerte der erste Wert der Zustandsvariablen m nach dem ersten Iterationsschritt der Dynamik immer zwischen allen Attraktoren der Sensormesswerte liegen. Allerdings können Ausreißer und auftretende Spikes zu ungünstigen Startwerten der Dynamik führen, wodurch die Konvergenz der Zustandsvariable in einen stabilen Zustand erschwert wird. Daher ist es wichtig, zusätzliches Wissen über die Messwertgewinnung und das Messobjekt bei der Wahl der Initialisierungswerte miteinzubeziehen. Bei einer günstigen Wahl der Startwerte konvergiert das dynamische System schneller und erreicht physikalische Zustandswerte, die sich der tatsächlichen Verteilung der zu messenden Größe annähern. Bei einer ungünstigen Wahl der Startwerte kann dagegen das dynamische System auch in andere stabile Fixpunkte konvergieren, die nicht der physikalischen Messgrößenverteilung entsprechen. Genauere Untersuchungen zur Wahl der Anfangswerte der Dynamik wurden in Gorontzi [1998] gemacht.

4.1.3 Mittelung und Entscheidungsfindung

Die Zustandsgröße m der Dynamik (Gleich. 4.3) wird zu jedem Zeitpunkt durch die Summe der lokalen Attraktoren bestimmt. Damit repräsentiert der Zustandswert die Schätzung des wahren Wertes der physikalischen Größe. Analog zu Kapitel 3.2.4 findet die Fusion der Sensordaten folgendermaßen statt: Überlappen die Einflussbereiche mehrerer Attraktoren, so mittelt die Dynamik über diese, wenn die Zustandsgröße innerhalb des Bereiches des resultierenden Attraktors liegt. Reicht ein Attraktor bei s_n mit seinem Einflussbereich nicht bis zum momentanen Zustand m, wird dieser Sensor als Ausreißer betrachtet und trägt somit nicht zum Fusionsergebnis bei. Existieren mehrere resultierende Attraktoren nach der Summation der Einzelattraktoren, so hängt es von der Lage des aktuellen Zustandes ab, für welchen sich die Dynamik „entscheidet". Dieses Szenario wird als Entscheidungsfindung bezeichnet (vgl. Kap. 3.2.4). Da die Lage des momentanen Zustandes m vom vorherigen Zustand des letzten Iterationsschrittes der Dynamik abhängt, nimmt auf diese Weise die Vergangenheit der Zustandsgröße Einfluss auf die Entscheidungsfindung. Aus diesem Grund kann die Entscheidung auch zu Gunsten eines einzelnen, abseits liegenden Attraktors ausfallen.

Das Prinzip der Mittelung oder Entscheidungsfindung in Abhängigkeit von den im vorigen Unterkapitel erläuterten Parametern lässt sich am besten anhand eines Beispieles erklären. Abbildung 4.1 zeigt drei verschiedene Sensormesswerte s_1, s_2, s_3 als vertikale Linien über der Zustandsgröße m aufgetragen. Ihre Einflussbereiche σ_n, die in diesem Beispiel alle gleich gewählt wurden, sind als Gaußglocke um die jeweiligen Messwerte eingetragen. Zwei Sensorwerte (s_3 und s_2) überlappen teilweise mit ihren Einflussbereichen, während der Sensormesswert s_1 etwas abseits liegt und nicht mit den beiden anderen überlappt. Der exakte Wert sei derjenige, der als gestrichelte Vertikale im Diagramm zu sehen ist.

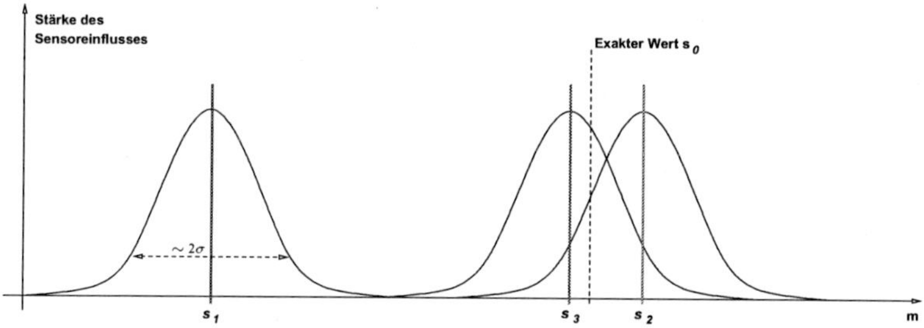

Abbildung 4.1: Repräsentation der drei Sensormesswerte über der Zustandsgröße m und ihre angenommenen Einflussbereiche, die in diesem Beispiel alle gleich groß sind.

Die Summation aller Attraktoren nach Gleichung 4.3 führt in diesem Fall zu zwei resultierenden Attraktoren. Einer liegt zwischen den Positionen von s_3 und s_2 und der andere bleibt bei s_1. Das dynamische System wird nun in den Attraktor relaxieren, in dessen Einflussbereich sich der Zustand m gerade befindet und damit eine Entscheidung treffen. Liegt dieser im Bereich des rechten Summenattraktors, wird das System eine Mittelung der beiden Messwerte s_2 und s_3 durchführen und s_1 ignorieren. Dessen Entfernung $|s_1 - m|$ wäre zu groß und die Reichweite seines Einflussbereiches σ_1 zu gering, um berücksichtigt zu werden. Liegt m aber im Einflussbereich des linken Attraktors s_1, so würde sich das System zu seinen Gunsten entscheiden und diesen Wert als neuen Wert der Zustandsgröße annehmen.

Wenn in diesem Beispiel nur der Einflussbereich des Attraktors bei s_1 oder alle Einflussbereiche größer gewesen wären, dann hätten alle Bereiche Überlappungen gezeigt, so dass das System eine Mittelung über alle Messwerte durchgeführt hätte. Daran zeigt sich die Abhängigkeit des Fusionsergebnisses vom Parameter σ_n der einzelnen Attraktoren. Mit Hilfe des Parameters λ_n können bekannte Unterschiede der Verlässlichkeiten einzelner Sensoren, wie im vorigen Unterkapitel beschrieben, berücksichtigt werden. Bei einer größeren Stärke des Sensormesswertes s_3 hätte dessen Attraktor zu einem Summenattraktor geführt, der näher an seiner eigenen Position und damit in diesem

Fall näher am exakten Wert s_0 gelegen hätte. Er wäre dann durch die Dynamik als Fusionsergebnis bestimmt worden, wenn die Zustandsgröße in diesem Bereich gelegen hätte. Damit bleibt festzuhalten, dass das Eintreten eines der beschriebenen Fälle vom momentanen Wert der Zustandsvariablen und von der Größe der Einflussbereiche sowie der Lage und Stärke der Einzelattraktoren abhängt.

Anhand des beschriebenen Systemverhaltens bei verschiedenen Szenarien wird deutlich, dass die nichtlineare Dynamik eine wesentliche Eigenschaft besitzt, die bei der Fusion unterschiedlich gestörter Sensordaten von großer Bedeutung ist: Plötzlich auftretende Sprünge in den Messwerten werden eliminiert, weil sie einerseits Attraktoren erzeugen, die abseits von den übrigen liegen und nicht mit ihnen überlappen können und die andererseits nicht in der Nähe der Position der Zustandsgröße m liegen. Daher gehen sie als Ausreißer nicht in das Fusionsergebnis ein. Treten diese Sprünge korreliert in allen Messungen auf (sogenannte Spikes), dann wird deren resultierender Summenattraktor ebenfalls als Ausreißer angesehen, wenn der momentane Zustand nicht in seinem Einflussbereich liegt.

Da physikalische Zustände immer natürlichen Gesetzmäßigkeiten unterliegen, so dass in physikalischen Systemen selten Diskontinuitäten auftreten, wenn man von Ausnahmen in der Quantenphysik und der Elektrodynamik absieht, ist dieser Fusionsansatz mit Hilfe nichtlinearer Attraktordynamiken für die Beschreibung solcher Zusammenhänge besonders geeignet. Wie in Kapitel 5 gezeigt wird, lassen sich damit sehr gute Ergebnisse bei Anwendungen zur Fusion verschiedener Daten erzielen.

4.2 Anwendungsbeispiele

Am besten lässt sich die Anwendung des in dieser Arbeit entwickelten Verfahrens zur Sensorfusion nach Gleichung 4.3 anhand zweier verschiedener Simulationsbeispiele erklären. Dazu werden im Folgenden ein eindimensionales Problem zur Fusion von Temperaturzeitreihen und ein Problem zur zweidimensionalen Fusion von Öldickenmessungen mit verschiedenen Sensoren vorgestellt.

4.2.1 Fusion eindimensionaler Temperaturmessungen

Angenommen, die über der Zeit t zu schätzende Temperatur $s(t)$ einer Flüssigkeit würde mit drei Thermometern gemessen. Abbildung 4.2 zeigt ein Beispiel einer Simulationen, bei der die Temperaturverläufe jeweils aus rekursiv gefiltertem weißen Rauschen gewonnen wurden, was einem *AR-Prozess* (AR: autoregressiv) entspricht [Böhme 1993]. Hierbei wird ein Prozess 1. Ordnung mit Gleichanteil null benutzt, der bei der Temperaturmessung dem eigentlichen Messwert entsprechen soll. Ein diskreter Messwert S_t zu einem Zeitpunkt t hängt daher direkt von dem Wert seines Vorgängers ab und trägt somit der physikalischen Tatsache Rechnung, dass sich Temperaturen nicht mit beliebiger Amplitude sprunghaft ändern können.

$$S_t = a S_{t-1} + Z_t \ . \tag{4.13}$$

Darin bezeichnen a den Verstärkungsfaktor für den Vorgängerwert S_{t-1} und Z_t einen weißen Rauschprozess mit $Z_t \sim N[0,1]$. Da für diese Simulationen $a = 1$ gewählt wird, handelt es sich hier um einen sogenannten *Random-Walk-Prozess*, der nicht stationär ist [Schlittgen und Streitberg 1994]. Durch eine unterschiedliche Wahl dieses Verstärkungsfaktors des jeweils pro Zeitschritt zu addierenden Rauschanteils kann der Störanteil jedes Sensors verschieden eingestellt werden. Der addierte Rauschanteil jedes Zeitschrittes wird im Folgenden immer in Prozent der Varianz von Z_t angegeben, die in dieser Simulation gleich eins ist. Auf diese Weise werden zunächst drei unabhängige Rauschprozesse $s(t)$ als Messdaten einer Zeitreihe simuliert, wie in Abbildung 4.2 zu sehen. Daneben ist die Nulllinie eingezeichnet (gestrichelt), die sich bei einer Temperaturmessung ohne Störungen hätte ergeben müssen.

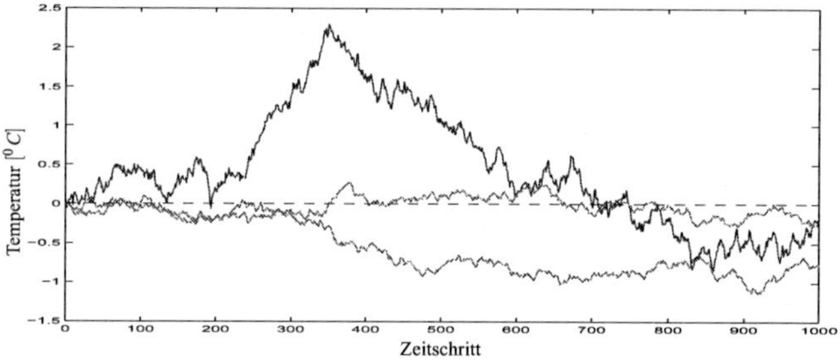

Abbildung 4.2: Drei simulierte Temperaturmessungen einer Flüssigkeit über der Zeit mit Hilfe des AR(1)–Prozesses für $a = 1$ und Rauschanteil $Z_t \sim N[0,1]$. Die angenommene wahre Temperatur ist gestrichelt dargestellt.

Diese Messwerte der so simulierten Temperaturverläufe bestimmen die Attraktoren s_n aus Gleichung 4.3. Die zu bestimmende Zustandsvariable m stellt in diesem Beispiel die tatsächliche Temperatur dar. Das dynamische System ermittelt durch Iteration der zugehörigen Differentialgleichung zu jedem Zeitpunkt t den Wert, für den die meisten dieser Attraktoren „votieren". Bei dieser Fusion wurden heuristische Standardwerte der Parameter gewählt, ohne diese auf das Problem speziell anzupassen. Eine genauere Untersuchung des Ergebnisses unter Variation der Parameter σ_n, λ_n und τ wird in Kapitel 5.1.1 durchgeführt. Die Anfangswerte der Dynamik bilden die arithmetischen Mittel aller drei Sensordaten über der Zeit nach Gleichung 4.12.

Anhand der Abbildung 4.3 erkennt man, dass bei der Fusion dieser drei Zeitreihen zu-

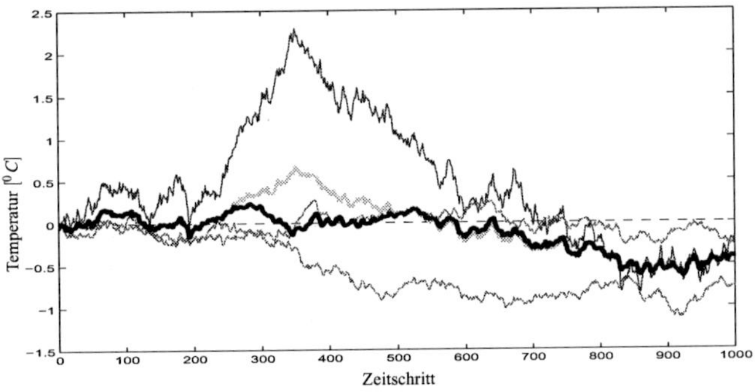

Abbildung 4.3: Drei simulierte Temperaturmessungen eines Objektes über der Zeit mit entsprechender Schätzung durch die Dynamik 4.3 (dicke schwarze Linie). Dafür wurden $\sigma_n = 1$, $\lambda_n = 0.33$ und $\tau = 1$ gewählt. Zum Vergleich des Fusionsergebnisses ist der Verlauf des Mittelwertes der drei Messungen als dickere hellgraue Linie eingezeichnet.

nächst alle Sensoren zum Ergebnis beitragen und das System einen Mittelwert dieser Einzelbeiträge erzeugt. Ab dem Zeitschritt $t = 250$ entfernt sich jedoch ein Sensor mit seinem Temperaturverlauf deutlich von den beiden anderen (nach oben), so dass das Fusionsergebnis den in den Temperaturwerten wegdriftenden Sensor als Ausreißer betrachtet und nur noch die beiden anderen berücksichtigt. Daher läuft die Kurve des Fusionsergebnisses wieder nach unten, während der Mittelwert weiter ansteigt. Ab etwa dem Zeitschritt $t = 350$ entfernt sich auch der zweite Sensor (nach unten), so dass die Fusion diesen ebenfalls als Ausreißer betrachtet und dem mittleren Sensorverlauf folgt. Das bedeutet aber nicht, dass die Werte der weggedrifteten Sensoren auch im weiteren Verlauf keine Rolle mehr spielen werden. Wie ab dem Zeitschritt $t = 550$ zu sehen, nähern sich die Messwerte (von oben) zufällig wieder dem Verlauf des mittleren Sensors, so dass dieser Sensor erneut in die Fusion miteinbezogen wird. Ab dem Zeitschritt $t = 800$ trägt auch der Messwertverlauf des dritten Sensors (unten) wieder zum Fusionsergebnis bei, wonach wieder eine Mittelung zwischen allen Werten erfolgt.

4.2.2 Fusion zweidimensionaler Öldickenmessungen

Als Beispiel und zum besseren Verständnis werden die Theorie und der Aufbau des dynamischen Systems für den zweidimensionalen Fall anhand einer Simulation des in Kapitel 2.5 vorgestellten Experimentes der Ölfilmdickenbestimmung gezeigt. Die realen Sensordaten stammen von Messungen flugzeuggetragener Radiometer, die die

Helligkeit auf Grund des Emissions– und Reflexionsverhaltens der Mikrowellen von Ölverschmutzungen auf der Meeresoberfläche aufnehmen. In Analogie zum realen Messvorgang wurden die speziellen Eigenschaften der Messung simuliert, vor allem bezüglich der unterschiedlichen Störungsarten. Als Öldickenverteilungen wurden mehrere Gaußfunktionen verschiedener Amplituden und Breiten überlagert. Anschließend wurden diese Verteilungen mit drei unterschiedlich breiten Gaußfunktionen gefaltet, die Messungen mit den drei in der realen Aufnahme verwendeten Antennen verschiedener Charakteristika simulieren. Als letztes wurden diesen simulierten Daten verschiedene Störungen nach Kapitel 2.3.2 überlagert. Die simulierte Messdatengewinnung zeigt die nachfolgende Abbildung (4.4) schematisch.

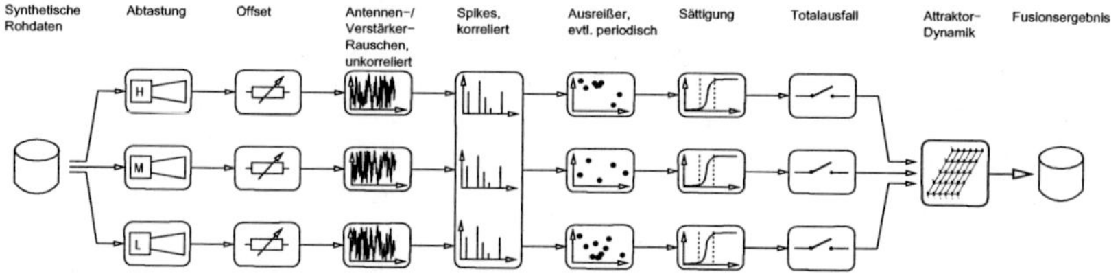

Abbildung 4.4: Simulierte Datengewinnung einer Öldickenverteilung durch drei Antennen unterschiedlicher Frequenz und Auflösung unter Einbeziehung diverser Störungen. Diese werden gemäß Kapitel 2.3.2 modelliert.

Auf Grund der in zweidimensionaler Form vorliegenden Daten wird eine gitterartige Anordnung der Dickenrepräsentation gewählt, so dass an jedem Gitterpunkt jeweils ein Messpunkt liegt, der die drei multispektralen Sensordaten in einem Vektor zusammenfasst (siehe Abb. 4.5).

Die Zustandsvariable des Systems muss während der Iteration immer einen gültigen Wert besitzen. Die physikalischen Gegebenheiten verlangen, dass immer ein positiver Dickenwert des Öles an jedem Messpunkt vorliegt. Als dynamische Zustandsvariable des Systems eignet sich daher die zu bestimmende Öldicke d. In Gleichung 4.3 muss m folglich durch $d(\vec{r}_i)$, die Öldicke an den diskreten räumlichen Positionen $\vec{r}_i = (x,y)_i$ ersetzt werden. Das dynamische System kann so an jedem Punkt als „instantiiert“ bezeichnet werden (siehe auch Kapitel 4.3.3):

$$\tau \cdot \dot{d}(\vec{r}_i) = \sum_{n=1}^{N} \lambda_n \left(s_n(\vec{r}_i) - d(\vec{r}_i)\right) e^{-\frac{(s_n(\vec{r}_i)-d(\vec{r}_i))^2}{2\sigma_n^2}} \quad . \tag{4.14}$$

Mit s_n werden die Sensorbeiträge der N Sensoren, mit λ_n die Stärken und mit σ_n die Einflussbereiche der jeweiligen Attraktoren bezeichnet. Als Anfangswerte werden zur Lösung der Differentialgleichung 4.14 die arithmetischen Mittelwerte der drei Sensormesswerte nach Gleichung 4.12 genutzt. Die Ergebnisse der Fusion sowie die simulierten Ausgangsölverteilungen werden in Kapitel 5.1.2 erläutert. Im Weiteren soll auf

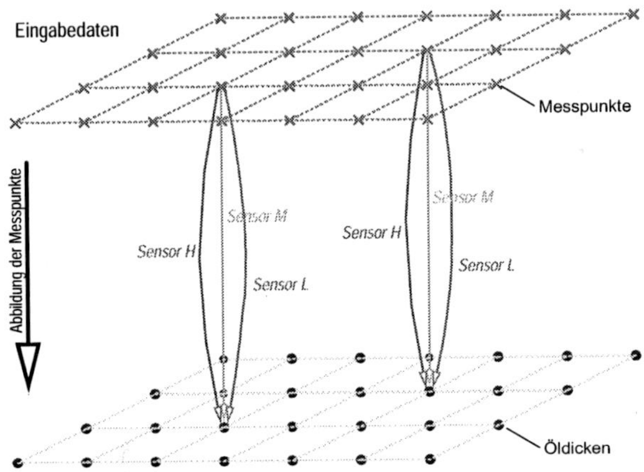

Abbildung 4.5: Wahl einer zweidimensionalen Dickenrepräsentation zur Fusion der drei Sensordaten an jedem Messpunkt durch die nichtlineare Dynamik (Sensor H bei 89 GHz, M bei 36.5 GHz und L bei 18.7 GHz).

zwei Besonderheiten bei dieser Fusionsaufgabe eingegangen werden. Die erste bezieht sich auf das Verhalten des Systems, wenn ein Sensor keine exakte Aussage über den zu bestimmenden Wert zulässt und damit mehrere als Schätzwert in Frage kommen. Die zweite Besonderheit des Systems ist das Verhalten bei der Berücksichtigung eines die Messung beeinflussenden Nachbarschaftsbereiches.

Einbeziehung von Mehrdeutigkeiten

Welche Bedeutung das Auftreten von Mehrdeutigkeiten bei der Interpretation der Messgröße für die Lösung eines Fusionsproblems haben kann, wird im Folgenden am Beispiel der realen Öldickenmessungen mittels Radiometersystemen erläutert. Dies zeigt auch, wie das dynamische System ergänzt werden muss, um diese Mehrdeutigkeiten zu berücksichtigen. Dazu soll noch einmal kurz auf die besonderen Randbedingungen der Messung eingegangen werden: Die drei Radiometerantennen messen reine Intensitäten der elektromagnetischen Strahlung, sogenannte Helligkeiten in den entsprechenden Frequenzbereichen. Ein bestehendes physikalisches Modell [Ulaby, Moore und Fung 1981] beschreibt den Zusammenhang zwischen diesen gemessenen Helligkeiten (T_1, T_2, T_3) und der Öldicke d. Es ist in der bisherigen Form schon sehr schwer zu handhaben und berücksichtigt dabei weder Störeinflüsse noch den Messvorgang [Hengstermann et al. 1996]. Die Entwicklung des Modelles ist auch immer noch nicht abgeschlossen. Den

Hauptaspekt dieses Modelles stellt der Interferenzeffekt zwischen rückgestreuter Strahlung der Öl-Wasser– und der Öl-Luft-Grenzflächen dar. Dies führt zu einer Mehrdeutigkeit der Transformation der Helligkeiten zu Öldicken: für eine gemessene Intensität T_n existieren eine Vielzahl möglicher Dickenwerte $D_{n,m}$ entsprechend den Wellenlängen der Sensoren. Dies wurde bereits in Kapitel 2.5 anhand Abbildung 2.15 veranschaulicht. Auf Grund der unterschiedlichen Phasenbeziehungen der Strahlung aus den verschiedenen Bereichen einer Ölschicht kann es zeitweise zu einer Auslöschung oder Verstärkung der Intensitäten kommen. Deshalb ergeben sich mehrere mögliche Dickenwerte bei gleicher gemessener Helligkeit.

Dieses Problem ist auf Grund der Erweiterbarkeit des vorgestellten dynamischen Systems um weitere Attraktoren sehr einfach in das bisherige System für die Fusion mehrerer Sensoren zu integrieren. Um die Mehrdeutigkeit bei der Dickenzuordnung zu berücksichtigen, wird für dieses Sensorfusionssystem angenommen, dass jeder der N Sensoren für eine Zahl M verschiedener Dickenwerte $D_{n,m}$ „stimmt". Der erste Index von D kennzeichnet den Sensor, während der zweite Index die Zahl der Mehrdeutigkeiten angibt. Die Mehrdeutigkeiten gehen als zusätzliche Attraktoren äquivalent zu angenommenen weiteren Sensormessungen in das bestehende System ein. Dem Mechanismus dieses Fusionssystems wird dann die Disambiguierung der vorhandenen, sich teilweise widersprechenden Information überlassen. Der Beitrag der Sensoren des Systems nach Gleichung 4.2 hat dann die Form:

$$\begin{aligned} F_i^{(S)}(d) &= \sum_{n=1}^{N}\sum_{m=1}^{M} f_{i,n,m}(d) \qquad (4.15) \\ f_{i,n,m}(d) &= \lambda_{n,m}(\vec{r}_i)\,(D_{n,m}(\vec{r}_i) - d(\vec{r}_i))\, e^{-\frac{(D_{n,m}(\vec{r}_i)-d(\vec{r}_i))^2}{\sigma_n^2}} \,. \end{aligned}$$

Jede Sensormessung spezifiziert dabei lokale Attraktoren bei $d^*(\vec{r}_i) = D_{n,m}(\vec{r}_i)$. Diese lokalen Attraktoren sollten vor allem wegen der zusätzlichen Berücksichtigung der Mehrdeutigkeit in der Dickeninterpretation unterschiedliche Gewichtungen $\lambda_{n,m}(\vec{r}_i)$ erhalten, die nach der Verlässlichkeit der einzelnen Beiträge gewählt werden. Sie werden als konstant angenommen, wenn kein weiteres Zusatzwissen vorhanden ist. Jeder Attraktor besitzt auch für diesen Fall nur zwei wichtige Parameter zur Beschreibung: den Einflussbereich des Attraktors σ_n und seine Stärke $\lambda_{n,m}$. Die Lösung der Gleichung 4.15 wird numerisch durch die Anwendung der *Euler*–Methode ermittelt.

Abbildung 4.6 zeigt ein Beispiel für einen Messpunkt $\vec{r}_i$, an dem jeder Sensor $n = 1\ldots 3$ auf Grund seiner Mehrdeutigkeit zwei Attraktoren $m = 1\ldots 2$ erhält. Mehrere lokale Attraktoren $f_{i,n,m}$ mit teilweise überlappenden Einflussbereichen (nach Gleichung 4.15) ergeben breitere Attraktoren an einer mittleren Position. Isoliert stehende Attraktoren bleiben aber auch nach der Summation isoliert (Abbildung 4.6 links bei D_{11}). Die Positionen der summierten Attraktoren sind durch die vertikalen gestrichelten Linien zu erkennen. In Abhängigkeit der Streuung der Sensorwerte und deren Mehrdeutigkeiten

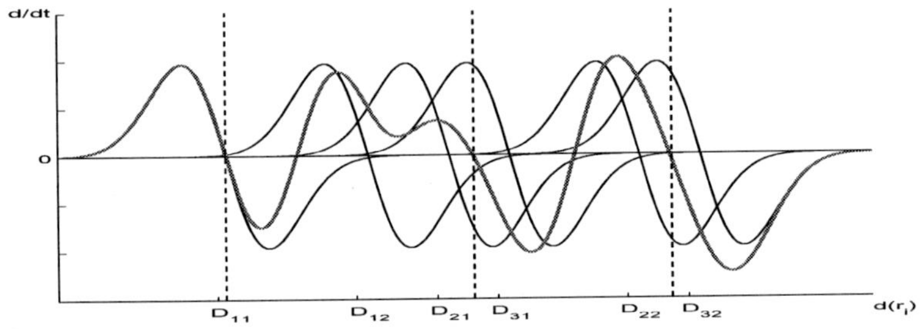

Abbildung 4.6: Der Sensorbeitrag $F_i^{(S)}$ aus (4.15) als Beispiel für drei Sensoren, von denen jeder zwei mögliche Messergebnisse besitzt ($N = 3, M = 2$). Die Summe $F_i^{(S)}$ (dicke durchgezogene Linie) der lokalen Attraktoren (dünne Linien) zeigt insgesamt drei Attraktoren der Sensoren als Dickenschätzung (vertikal gestrichelt). Überlappende Bereiche (wie hier D_{12}, D_{21}, D_{31} und D_{22}, D_{32}) führen zu diesen mittleren Attraktoren.

wird der resultierende Attraktor umso breiter und stärker, je mehr lokale Attraktoren überlappen. Das erkennt man besonders in der Mitte der Abbildung 4.6, wo die Einzelattraktoren D_{12}, D_{21} und D_{13} zusammengefasst werden. Ausführlich wurden diese Zusammenhänge in Kapitel 3.2 erläutert. Welcher Attraktor von diesen am Ende als Schätzung durch das dynamische System ausgewählt wird, hängt vom Wert der momentanen Zustandsgröße d ab. Zu Beginn der Iterationen wird sich der Systemzustand bei dem Wert stabilisieren, der am nächsten beim Startwert liegt. Hierbei handelt es sich wieder um ein Problem der Entscheidungsfindung, welches in Unterkapitel 4.1.3 ausführlich diskutiert wurde.

Einbeziehung der Nachbarschaft

Durch das Prinzip, jede Information als lokale Attraktoren in die Dynamik einzukoppeln, kann auch zusätzliches Wissen über das physikalische Messsystem leicht integriert werden. Auf die Besonderheiten bei der Öldickenmessung mittels Radiometersystemen wurde bereits in Kapitel 2.5 detailliert eingegangen. Auf Grund des Messvorganges, der anhand Abbildung 2.14 in Kapitel 2.5 veranschaulicht wurde, ist es sinnvoll, benachbarte Messpunkte, die einen Einfluss auf den Zustand des Systems am aktuellen Messpunkt besitzen, in die Dynamik einzubinden. Vor allem bei den beiden niedrigeren Frequenzen von 36.5 und 18.7 GHz sind benachbarte Messpunkte über die Messzeilen hinweg miteinander korreliert, da die Footprints dieser Antennen überlappen. Daher erscheint es sinnvoll, eine Nachbarschaft jedes Messpunktes bei der Fusion der Sensordaten miteinzubeziehen. Grundsätzlich gibt es dazu mehrere Möglichkeiten. Im Folgenden werden zwei Vorgehensweisen vorgestellt.

Eine einfache Art ist die Addition der benachbarten Messwerte als zusätzliche Attraktoren zur bestehenden Dynamik. Um ihnen keinen zu großen Einfluss auf das Fusionsergebnis zu geben, sollten ihre Attraktoren entsprechend geringer gewichtet werden. Deshalb sollten ihre Stärken λ_n in jedem Fall deutlich niedriger gewählt werden als die der Sensorbeiträge am jeweiligen Messpunkt. Da die bisher vorgestellte Dynamik nur auf eindimensionalen Daten arbeitet, kann die zweidimensionale Messung auch als eine Hintereinanderreihung der einzelnen Messzeilen angesehen werden und so in die Dynamik eingehen. Weil die Messzeilen immer gleichmäßig von einer Seite zur anderen aufgenommen werden (Abb. 2.13) und kein Zickzack-Kurs verfolgt wird, bei dem Zeilen in gegenläufiger Richtung gemessen werden, entspricht die Aufnahmeart der Verarbeitung der Daten. Die Ergebnisse der Untersuchungen des Einflusses einer Nachbarschaftseinbindung auf die Dynamik werden in Kapitel 5.1.2 diskutiert.

Auch die physikalischen Eigenschaften eines ölverschmutzten Bereiches auf der Wasseroberfläche lassen es sinnvoll erscheinen, Nachbarschaften zu betrachten, da die Dicken benachbarter Messpunkte nicht sehr stark voneinander abweichen. Daher können die geschätzten Nachbarschaftswerte einer Messposition als zusätzliche Stützen für die Ermittlung der tatsächlichen Dicke an dieser Position genutzt werden.

Eine zweite Möglichkeit der Nachbarschaftsberücksichtigung bei der Fusion der Sensordaten gibt folgendes Vorgehen: In einem ersten Schritt werden nur die Sensordaten nach Gleichung 4.3 fusioniert und eine Öldickenverteilung ermittelt. Ein zweiter Schritt bindet dann neben den Messwerten der drei Sensoren die Nachbarn der betrachteten Messpositionen der vorangegangenen Auswertung der Dynamik ein. Dieses Vorgehen beinhaltet die Eigenschaft der Elimination von Ausreißern: wenn ein oder mehrere lokale Sensormessungen $D_{n,m}$ von der Schätzung durch die Nachbarschaftswerte abweichen sollten, kann deren zusammengefasster breiter Nachbarschaftsattraktor sogar starke lokale Sensorattraktoren „überstimmen". Auf diese Weise kann das System eine Vielzahl von Fehlern, wie z. B. Spikes, zeitliche Ausfälle oder kurzfristige Dekalibrierungen der Sensoren autonom korrigieren. Damit wird die Entscheidung für den „wahren" Wert an jeder Stelle begünstigt. Um aber überhaupt Ausreißer eliminieren zu können, sollte der Einflussbereich σ_N eines Nachbarschaftsattraktors größer gewählt werden als der Einflussbereich σ_S der Sensoren. Die Gewichtung bzw. relative Stärke der Nachbarschaftsattraktoren λ_N sollte jedoch kleiner als beim Sensorbeitrag sein. Nur so werden stark abweichende Werte vermindert oder ganz unterdrückt. Die Ergebnisse sind in Kapitel 5.1.2 dargestellt.

4.3 Erweiterungen des Ansatzes

4.3.1 Parameterfunktionen

Im dynamischen System nach Gleichung 4.15 kann die Attraktorstärke jedes Sensors durch eine entsprechende Wahl von λ_n als eine Art „Vertrauensfaktor“ verändert werden. Sind einige Sensoren immer besser oder verlässlicher in ihren Messwerten als andere, können deren Attraktorstärken generell erhöht werden. Es kann jedoch auch der Fall auftreten, dass Sensoren nur in bestimmten Bereichen ihrer Messwerte eine große Güte aufweisen. Im Allgemeinen ist eine Beurteilung recht schwierig. Bei realen Messungen ist es meist sinnvoll, diese Faktoren messwertbereichsabhängig zu wählen, um Vorwissen über die Sensoren in die Dynamik einfließen zu lassen. Dies kann besonders gut am Beispiel der Öldickenschätzung erläutert werden. Dort besitzt der höchste Frequenzkanal auf Grund seiner höheren geometrischen Auflösung generell eine bessere Unterscheidungsgüte bei geringeren Öldicken. Dagegen kann er wegen der schon bei mittleren Dicken auftretenden Mehrdeutigkeiten der Interpretation der gemessenen Helligkeiten als Öldicken keine genauen Aussage über die tatsächliche Dicke machen. Für größere Dicken ist der niedrigste Frequenzkanal am besten geeignet, da der Mehrdeutigkeitsbereich erst bei sehr großen Dicken beginnt.

Daher können die Attraktorstärken einzelner oder aller Sensoren auch zustandsabhängig gewählt werden, also eine Funktion der Dicke d sein. Um dies zu berücksichtigen, wird Gleichung 4.15 wie folgt geändert:

$$f_{i,n,m} = \lambda_n(d)\,(D_{n,m}(\vec{r}_i) - d(\vec{r}_i))\,e^{-\frac{(D_{n,m}(\vec{r}_i)-d(\vec{r}_i))^2}{2\sigma_n^2}} \quad .$$

Für das konkrete Beispiel der Ölfleckenmessung kann man somit die Verläufe der Attraktorstärken als Funktion der Dicke annehmen, wie sie in Abbildung 4.7 gezeigt sind.

Die obere Kurve aus Abbildung 4.7 gewichtet die Werte des Sensors S1 bei kleinen Messwerten stärker, da dieser dort besonders gute Ergebnisse liefert. Bei mittleren oder großen Messwerten sind diese jedoch schlechter, so dass man ihnen weniger vertraut und sie geringer gewichtet. Die mittlere Kurve beschreibt eine Gewichtung für den Sensor S2, von dem man vor allem im mittleren Messwertbereich qualitativ gute Ergebnisse erwartet. Die untere Kurve gewichtet die Werte des Sensors S3, der besonders verlässlich große Messwerte misst, aber in den übrigen Bereichen – verglichen mit den anderen Sensoren – zwar noch nutzbare, aber nicht so gute Messwerte liefert.

Auf diese Art lassen sich physikalische Gesetzmäßigkeiten oder weiteres Expertenwissen jederzeit in das dynamische System einfügen. So wäre es auch möglich, eine Gewichtsfunktion zu entwickeln, welche die Attraktoren bestimmter Dicken in Abhängigkeit der Ölfleckgeometrie bewertet. Wenn ein Ölfilm frei auf der Meeresoberfläche

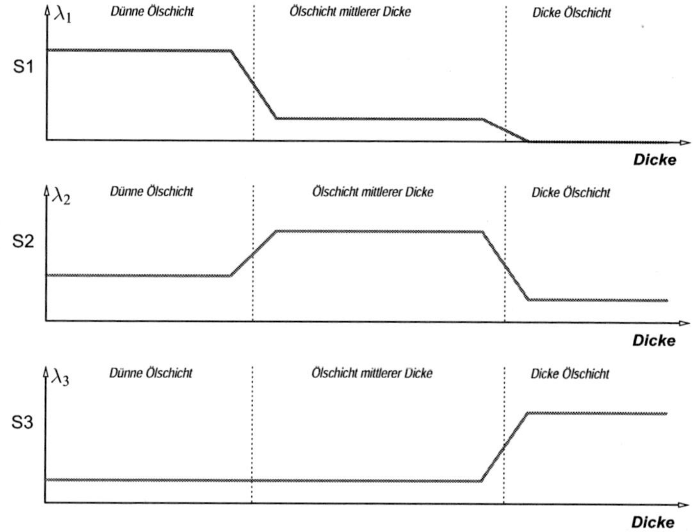

Abbildung 4.7: Mögliche Wahl der Vertrauensfaktoren bzw. Attraktorstärken λ_n für drei unterschiedliche Sensoren.

schwimmt, dann ist er vollständig mit Wasser umgeben und besitzt demnach die Dicke $d = 0$. Da der hochauflösende Sensor den Übergang von Wasser zum Öl am besten detektieren kann, sollte dieser dort die größte Attraktorstärke erhalten, während dieser Sensor im Ölfleck eine sehr geringe Rolle spielt. Innerhalb des Ölfilms geben die beiden übrigen Sensoren genauere Informationen über die tatsächliche Dicke. Für diesen Fall wären die λ_n als Funktion des Ortes $\vec{r}$ zu beschreiben. Käme weiteres Wissen über die Ausbreitungsgeschwindigkeit und –Richtung einer Ölverschmutzung auf der Meeresoberfläche hinzu, könnte dieses Wissen auf eine ähnliche Weise zur Stützung des Ergebnisses der Attraktordynamik genutzt werden.

4.3.2 Rekalibrierung dynamischer Zeitreihen

Bei vielen Sensoren tritt das Problem der Dekalibrierung auf. Dies äußert sich durch plötzlich auftretende konstante Offsets oder durch ein langsames Driften in den Sensormesswerten. Eine Drift tritt vor allem dann auf, wenn sich die Systemeigenschaften des Sensors und die dahinter stehende Aufnahmetechnik, wie z. B. bei Verstärkern und

Mischern, mit der Zeit verändern. Ein Beispiel für die plötzlich auftretenden Offsets liefern die vorhandenen realen Messdaten der Ölverschmutzungen. Diese haben ihren Ursprung in den nach bestimmten Zeitabschnitten vorgenommenen Rekalibrierungen während des Messvorganges. Durch die Mittelung der pro Zeitabschnitt beobachteten Sonneneinstrahlung mit einem Himmelsradiometer wird ein Referenzwert für die Messung der Helligkeiten am Boden ermittelt [Hengstermann et al. 1996]. Dieser kann variieren, wenn unterschiedlich starke Bewölkung durch das Messgebiet zieht. Die damit erfolgte Kalibrierung der Messsensoren besitzt folglich keine gute Qualität.

Um Sensormesswerte mit plötzlich auftretenden Sprüngen als auch mit monoton ändernden Driften trotzdem für eine Fusion nutzen zu können, wird das in Kapitel 4.1 vorgestellte Verfahren um eine Rekalibrierdynamik erweitert. Das dynamische System ist damit unter bestimmten Randbedingungen selbst in der Lage, über die Notwendigkeit einer Rekalibrierung zu entscheiden und diese auch durchzuführen. Dabei bleibt die Stabilität der Dynamik zu jeder Zeit gewährleistet [Steinhage und Winkel 2000].

Wie schon anhand Kapitel 4.1.3 zur Mittelung und Entscheidungsfindung erläutert, müssen sich die Attraktoren der Dynamik auf einer langsameren Zeitskala ändern als das dynamischen System insgesamt braucht, um einen stabilen Fixpunkt zu finden. Somit muss der Entwickler beim „Design“ eines solchen Systems garantieren, dass die Dynamik der Sensorwerte genügend langsam ist, so dass die Dynamik des Systems auf Grund der gewählten Zeitkonstanten τ immer der Bewegung der stabilen Zustände folgen kann. Dasselbe Prinzip wird bei der Kopplung zweier dynamischer Systeme benutzt: Wenn eine Dynamik die stabilen Zustände einer anderen bestimmen soll, muss diese „dominierende“ Dynamik eine langsamere Zeitskala besitzen als die „dominierte“. Das bedeutet, dass jede Dynamik eines gekoppelten Systems ihre „eigene“ Zeitskala haben muss und die langsamste Zeitskala diejenige ist, die das Gesamtverhalten bestimmt.

Die einfache Simulation ohne Rekalibrierung anhand von Zufallsdaten zeigt in Abbildung 4.8, dass die Dynamik korrespondierende Messungen aller drei Kanäle mittelt und Ausreißer eliminiert. Vom Zeitpunkt $t = 250$ folgt die fusionierte Kurve nur noch einem Sensor, wobei die anderen Schätzungen verworfen werden. Die Messwerte der oberen Kurve haben sich zu weit vom Systemzustand entfernt und tragen daher nicht mehr zum Fusionsprozess bei. Die mittlere Schätzung wurde selbsttätig durch das System als diejenige ausgewählt, welche dem momentanen Systemzustand am nächsten liegt. Dagegen wird eine arithmetische Mittelung durch stärker wegdriftende Messwerte negativ beeinflusst, was anhand der hellen dicken Linie zu sehen ist. In der Endphase dieses Beispiels ab etwa dem Zeitschritt $t = 750$ mittelt das System alle Beiträge, da wieder alle Sensormesswerte innerhalb eines begrenzten Bereiches liegen und somit deren Attraktoren gemittelt werden.

Durch die Erweiterung des dynamischen Systems nach Gleichung 4.3 mit Rekalibrierattraktoren, die eigene Zeitskalen besitzen, kann das Problem der Sensordrift gelöst

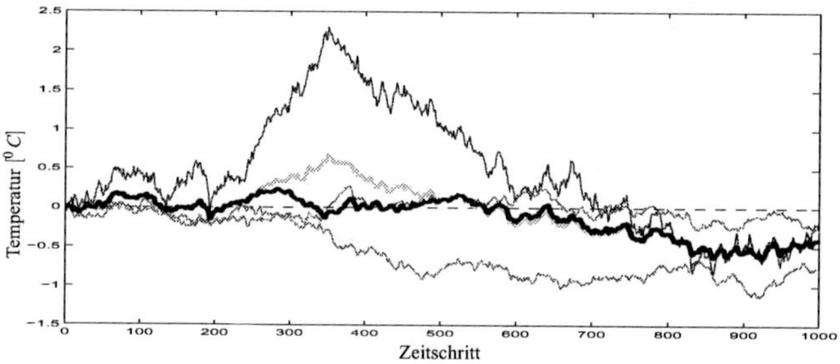

Abbildung 4.8: Die Gesamtschätzung (dicke Linie) bis zum Zeitschritt $t = 250$ zeigt, dass alle drei Sensordaten (dünne Linien) gemittelt werden, aber dann bis zum Zeitschritt $t = 550$ nur ein Sensor (in der Mitte) das Ergebnis bestimmt. Danach folgt der fusionierte Wert zwei Sensoren (bis $t = 750$) und berücksichtigt zuletzt wieder alle Sensoren.

werden. Das Prinzip funktioniert folgendermaßen: Immer, wenn ein Sensor aus einem gegebenen Rekalibrierbereich σ_r um die momentane Schätzung des Zustandes m wegdriftet, wird dieser Sensor rekalibriert. Das wird dadurch erreicht, dass jeder Sensormessung s_n die Dynamik einer korrigierten Sensormessung S_n zugeordnet wird:

$$\dot{S}_n = \frac{\Delta s_n}{\Delta t} + \lambda_{n,r}\,(m - S_n)\,, \tag{4.17}$$

Dabei bezeichnet Δs_n die momentane Variation der Sensormessung, d. h. die Differenz des momentanen und des vorangegangenen Sensormesswertes, Δt ist die Abtastrate der Messung und $\lambda_{n,r}$ stellt die Stärke des Rekalibrierattraktors an der Stelle $S_n^* = m$ dar. Für die Simulationen kann $\Delta t = 1$ gesetzt werden. In Analogie zu den Attraktoren der Sensormessungen erhält man eine Dynamik für die rekalibrierten Sensordaten mit der Zustandsvariablen S_n. Bevor jedoch näher darauf eingegangen wird, muss geklärt werden, wann diese Dynamik zur Rekalibrierung der Sensormessungen überhaupt eingesetzt werden soll. Für die Entscheidung, ob rekalibriert wird oder nicht, wird eine eigene Zustandsdynamik mit der Zustandsvariablen ρ_n entworfen:

$$\dot{\rho}_n = \rho_n - \rho_n^3 + \frac{|S_n - m|}{\sigma_r} - 1\,. \tag{4.18}$$

Wenn der Wert S_n innerhalb des Bereiches σ_r um den momentanen Messschätzwert m liegt, relaxiert die Dynamik der Gleichung 4.18 in einen stabilen Fixpunkt $\rho_n^* < -0.5$. Wenn S_n über den Rekalibrierbereich hinaus wegdriftet, d. h. der Abstand $|S_n - m|$ des Sensorwertes vom momentanen Zustand größer oder gleich σ_r wird, dann relaxiert die Dynamik in einen stabilen Fixpunkt $\rho_n^* > 0.5$. Dazwischen zeigt das System einen

Hysterese–Effekt wie in Abbildung 4.9, der die Gesamtdynamik zu jeder Zeit, also auch während der Durchführung der Rekalibrierung stabil hält. Die Trägheit des Systems, die eine Rückführung der Sensorwerte unter die Rekalibriergrenze erlaubt, wird durch die Hysterese gewährleistet.

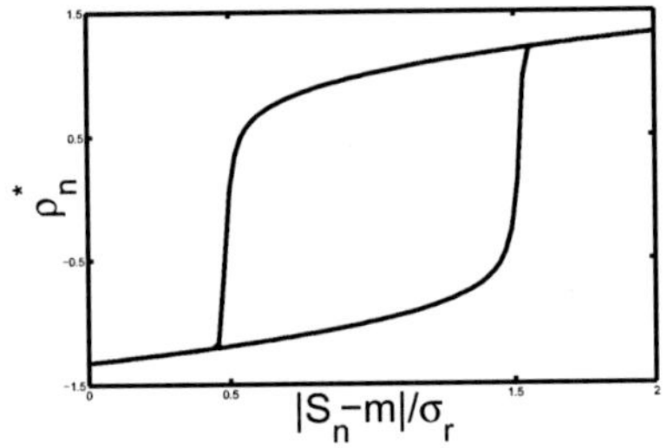

Abbildung 4.9: Hysterese–Effekt der Dynamik nach Gleichung 4.18. Nach dem Start der Rekalibrierung (rechte Seite) bleibt die Dynamik in einem stabilen Fixpunkt $\rho_n^* > 0.5$, obwohl ein zweiter Fixpunkt $\rho_n^* < -0.5$ erscheint, wenn der Sensormesswert S_n an die Grenze des Rekalibrierbereiches σ_r gelangt. Nur nach der vollständigen Rekalibrierung fallen die beiden Fixpunkte wieder zu einem zusammen (linke Seite). Anders herum wird eine Rekalibrierung so lange durch $\rho_n^* < -0.5$ unterbunden, bis der Rekalibrierbereich deutlich überschritten wird.

Der momentan zur Dynamik beitragende Sensormesswert wird also nicht einfach „abgeschaltet“, wenn der Beitrag des rekalibrierten Sensors stärker wird. Nur wenn dessen Gewichtung deutlich geringer geworden ist, kann der andere Beitrag zum Attraktor der Dynamik werden. Um zwischen diesen unterschiedlichen Beiträgen umzuschalten, wird die Dynamik der Gleichung 4.18 genutzt.

Nun wird wieder zu Gleichung 4.17 zurückgekehrt. Wenn sich ein Sensor mit seinen Messwerten zu weit vom momentanen Zustand m des Systems entfernt hat, muss er rekalibriert werden. Die Zustandsgröße m wird als optimale Schätzung des eigentlichen Sensorwertes angesehen, so dass die Sensormessung S_n auf m zurückgeführt wird. Dazu muss die Stärke des Rekalibrierattraktors $\lambda_{n,r}$ erhöht werden. Dies erfolgt als Funktion der Zustandsvariablen ρ_n, die die Entscheidung zur Rekalibrierung beinhaltet.

$$\lambda_{n,r} = \frac{1 + \tanh(10 \cdot \rho_n)}{2}. \tag{4.19}$$

Die Stärke des Attraktors liegt immer im Bereich von 0 bis 1. Für $\rho_n > 0 \Rightarrow \lambda_{n,r} \simeq 1$ verschiebt sich der Attraktor der Sensordynamik in Richtung des momentanen Schätzwertes m, was die Rekalibrierung des Sensors zur Folge hat. Dagegen verschwindet er, wenn $\rho_n < 0 \Rightarrow \lambda_{n,r} \simeq 0$ gilt.

Zum Erhalt einer Gesamtdynamik müssen die Dynamiken der Sensorbeiträge (Gl. 4.3) und der Rekalibrierung (Gl. 4.17) gekoppelt werden. Das System könnte ohne besondere Vorkehrungen in den Lösungen oszillieren und somit instabil werden, da es sich bei beiden um nichtlineare dynamische Systeme handelt. Durch die Trennung der Zeitskalen der beteiligten Dynamiken ist jedoch garantiert, dass die Gesamtdynamik zu jeder Zeit stabil bleibt. Dazu muss der Einfluss des entsprechenden Attraktors eines Sensors n während des Rekalibriervorganges in der Dynamik (Gleichung 4.3) deutlich reduziert werden. Dies wird dadurch erreicht, dass die Stärke des Attraktors $\lambda_{n,r}$ entsprechend verringert wird, so dass sich Gleichung 4.3 wie folgt ändert:

$$\dot{m} = \sum_{n=1}^{N} (1 - \lambda_{n,r})\, \lambda_n\, (S_n - m)\, e^{-\frac{(S_n - m)^2}{2\sigma_S^2}} . \tag{4.20}$$

Die Bedingung der Zeitskalentrennung ist hier erfüllt, wenn man die folgenden beiden Fälle betrachtet:

- Wenn keine Rekalibrierung notwendig ist, liegt $\lambda_{n,r} \simeq 0$, so dass der Rekalibrierattraktor in Gleichung 4.17 ausgeschaltet ist und der Sensor n mit seiner eigentlichen Attraktorstärke λ_n in die Gesamtdynamik einfließt. Wie schon in Kapitel 4.1.2 anhand Gleichung 4.10 erläutert, ist die Stärke des Attraktors mit der inversen Zeitskala gekoppelt. Mit der Zeitskala $\tau_r = (\lambda_n)^{-1}$ bestimmt die aktive Sensordynamik die langsam ablaufende Gesamtdynamik.
- Während der Rekalibrierung wird der Attraktor der Rekalibrierdynamik stärker, d. h. $\lambda_{n,r} \simeq 1$. Die Stärke des Sensorbeitrages wird deshalb vernachlässigbar klein, so dass die Schätzung des Sensors n nicht in den Fusionsprozess eingeht. Das Verhalten der Gesamtdynamik wird daher durch die nun aktive Rekalibrierdynamik bestimmt.

Selbst für dazwischenliegende Werte von $\lambda_{n,r}$ ist durch die Hysterese–Dynamik nach Gleichung 4.18 garantiert, dass die Dynamik immer auf verschiedenen Zeitskalen abläuft.

Zusammen genommen beschreiben die Dynamiken in Gleichungen 4.17 und 4.20 ein gekoppeltes dynamisches System, das parallel ausgewertet wird. Beim Umschalten zwischen den beiden genannten Fällen mit Hilfe der Dynamik aus Gleichung 4.18 wird die Beziehung zwischen den Zeitskalen der beiden Komponenten invertiert. Das bedeutet einen Wechsel der Hierarchie zwischen den Dynamiken: Wenn kein Sensor die Begrenzung des Rekalibrierbereiches σ_r erreicht, dominieren die Sensorbeiträge das dynamische System. Wird der Bereich σ_r erreicht oder überschritten, d. h. entfernt sich ein Sensor zu stark vom jeweiligen Zustand m, so dominiert der Rekalibrierteil die Dynamik. Dieses Verhalten ist auch als *Zeitskaleninversion* in der Literatur bekannt [Haken 1970; Steinhage und Schöner 1997].

Hier zeigt sich, dass es, obwohl die Forderung getrennter Zeitskalen ein wichtiges Prinzip des dynamischen Ansatzes darstellt, nicht notwendigerweise eine vordefinierte, feste Hierarchie innerhalb des Systems geben muss. Zwei Ebenen der Dynamik können in ihrer Dominanz durch die Inversion der Zeitskalen alternieren. Natürlich könnte der Rekalibriermechanismus auch durch die Zeitskaleninversion in einer einzigen Ebene der Dynamik erreicht werden. Die Notwendigkeit, zwei separate Ebenen aufzubauen, wird aber klar, wenn mehrere Sensorbeiträge fusioniert werden müssen. Dann erhielte man für jeden Sensor separate Teildynamiken, die bei vielen Sensoren zu Problemen bei der Kopplung führen würden.

Beispiel einer Rekalibrierung

In Abbildung 4.10 ist der Effekt der Rekalibrierung gut zu erkennen. Sie zeigt eine Simulation, die dieselben Eingangsdaten wie in Abbildung 4.8 benutzt. Die Sensormessungen wurden mehrfach rekalibriert, was anhand der vertikalen Verschiebungen im Verlauf der Sensordatenreihe zu sehen ist. Ein direkter Vergleich mit den nicht rekalibrierten Datenreihen in Abb. 4.8 zeigt, dass vorher häufig nur zwei Sensoren zur Schätzung beigetragen haben, wogegen mit eingeschalteter Rekalibrierung auch in ihren Messwerten wegdriftende Sensoren immer einen Beitrag zur Gesamtschätzung liefern. Dies führt zu einer höheren Zuverlässigkeit der Sensorfusion.

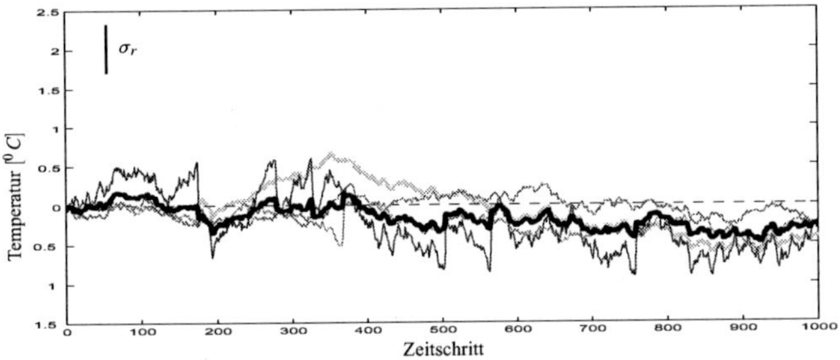

Abbildung 4.10: Mit automatischer Rekalibrierung ist es möglich, dass immer alle drei Sensoren fusioniert werden. Der obere Sensor wurde das erste Mal etwa bei $t = 180$, der untere bei $t = 370$ rekalibriert. Rekalibrierungen sind anhand der vertikalen Sprünge in den Daten zu erkennen. Die maximale Abweichung der Schätzungen vom realen Wert wird geringer – verglichen mit Abbildung 4.8.

Für das zu Anfang des Kapitels beschriebene Problem der Rekalibrierung zweidimensionaler Messdaten gibt es mit dieser Methode wiederum nur die Möglichkeit, künstlich die Zweidimensionalität aufzuheben, so dass die Rekalibrierdynamik auf quasi eindimensionalen Daten arbeiten kann. Allerdings lassen sich dann schwer direkte Abhängigkeiten der Messungen von benachbarten Messwerten herstellen. Der deshalb eingeschlagene Lösungsweg wurde bereits im Anwendungsteil dieses Kapitels (4.2.2) erklärt. Auf diesem Umweg lassen sich dann alle zweidimensionalen Messungen rekalibrieren.

In diesem Kapitelteil zeigte sich wiederum, dass das dynamische System zur Sensorfusion sehr gut geeignet ist, da es vielseitig und erweiterbar ist. Es benötigt keine feste Hierarchie, um weitere dynamische Systeme einzukoppeln, wenn darauf geachtet wird, dass die Zeitskalen der Dynamikbeiträge verschieden oder so gekoppelt sind, dass es immer einen dominierenden Teil gibt. Ein wesentlicher Vorteil der Rekalibrierung durch die vorgestellte Dynamik liegt darin, dass keine zusätzlichen Informationen außer den vorhandenen Sensordaten selbst benötigt werden. Mit dem Rekalibrierbereich σ_r ist nur ein weiterer Parameter einzustellen, was bei Kenntnis der Sensorgüten in den meisten Anwendungsgebieten leicht vorzunehmen ist.

4.3.3 Einbeziehung der Topologie

Unter einer Topologie versteht man im Allgemeinen den räumlichen Zusammenhang bzw. die Geometrie der Lage von Objekten. In dieser Arbeit ist damit die geometrische Lage der einzelnen Messwerte und deren gegenseitige räumliche Verbindung gemeint. Um die Topologie einer zweidimensionalen Messung zu berücksichtigen, wurden in Kapitel 4.2.2 zwei Verfahren vorgeschlagen, die das in Kapitel 4.1 entwickelte eindimensionale System zur Sensorfusion nach Gleichung 4.3 nutzen. In diesem Kapitel wird eine spezielle Dynamik entworfen, die die Nachbarschaft jeweils eines Messpunktes zur Bestimmung der Ölschichtdickenverteilung stärker miteinbezieht. Diese Dynamik stellt eine Erweiterung der eindimensionalen Beschreibung dar, indem ein zusätzlicher Teil mit sogenanntem Wechselwirkungskern hinzugefügt wird. Dadurch werden benachbarte Werte eines Messpunktes, die eine gegenseitige Abhängigkeit aufweisen, durch gewichtete eigene Attraktoren in der Dynamik beschrieben [Steinhage, Winkel und Gorontzi 1999]. Damit stehen dem System mehr Informationen zur Verfügung, um zu der wahren Dickenverteilung zu gelangen. Auch für diese erweiterte Dynamik werden die Fragen der Parametereinstellung und Initialisierung diskutiert. Zuletzt wird kurz auf die Methode der *neuronalen Felder* eingegangen und davon eine Spezialform abgeleitet, die man als *instantiiertes neuronales Feld* bezeichnen kann. Dabei wird gezeigt, dass das in dieser Arbeit entwickelte dynamische System zur Sensorfusion unter bestimmten Bedingungen auch von dieser Methode abgeleitet werden kann.

Beiträge der Nachbarschaft

Durch das Prinzip, jede Information als lokale Attraktoren in die neuronale Dynamik einzukoppeln, kann zusätzliches Wissen, z. B. über das physikalische Messsystem ebenfalls leicht integriert werden. Bei der Berücksichtigung der Nachbarschaft werden jedoch keine weiteren Messsignale der Sensoren in die Dynamik eingekoppelt. Die aktuellen Zustände der Systemvariablen der Nachbarschaft werden stattdessen in dem dynamischen System mit dem gerade betrachteten Messwert fusioniert. Grundsätzlich werden als Nachbarn alle Punkte angesehen, die einen Einfluss auf den Zustand des Systems am aktuellen Punkt besitzen. Dieser Einflussbereich wird durch den eingeführten Radius r_N begrenzt, innerhalb dessen alle Messpunkte als Nachbarn betrachtet werden. Schematisch zeigt dies Abbildung 4.11. Wie groß diese Umgebung tatsächlich gewählt werden soll, hängt von der Art des physikalischen Systems ab.

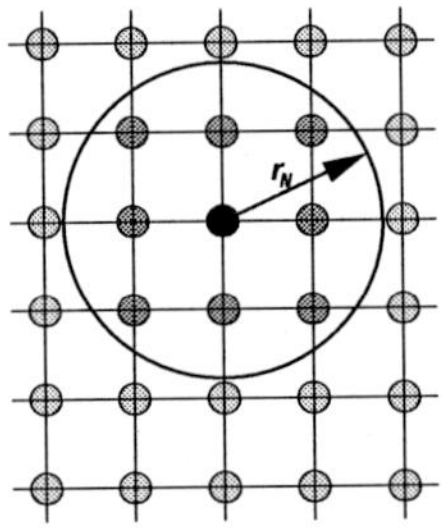

Abbildung 4.11: Definition des Einflussbereiches r_N der Nachbarschaft. Die Knoten dieses Gitters stellen die Messpunkte dar.

In dem Beispiel der Öldickenmessung ist es auf Grund der hydrodynamischen Eigenschaften des Ölfilms einzusehen, dass die Dicken $\tilde{d}(\vec{r}_i)$ und $\tilde{d}(\vec{r}_j)$ benachbarter Messpunkte ($|\vec{r}_j - \vec{r}_i| < r_N$) nicht sehr stark voneinander abweichen. Deshalb werden die ermittelten Werte $d(\vec{r}_j)$ in einer r_N-Nachbarschaft eines Punktes $\vec{r}_i$ als zusätzliche Stützen für die Bestimmung von $d(\vec{r}_i)$ genutzt:

$$F_i^{(N)} = \sum_j g(|\vec{r}_j - \vec{r}_i|)\,(d(\vec{r}_j) - d(\vec{r}_i))\, e^{-\frac{(d(\vec{r}_j)-d(\vec{r}_i))^2}{2\sigma_N^2}}, \qquad \forall j \quad \text{mit} \quad |\vec{r}_j - \vec{r}_i| < r_N. \tag{4.21}$$

In dieser Gleichung (4.21) werden lokale Attraktoren der Nachbarschaft aufsummiert. Die Gewichtsfunktion $g(|\vec{r}_j - \vec{r}_i|)$ bestimmt den Einfluss der Nachbarschaftswerte in Abhängigkeit der Entfernung zur momentan betrachteten Messstelle $\vec{r}_i$. Weiter entfernte Nachbarn sollen einen geringen Einfluss auf das Ergebnis eines betrachteten Messpunktes besitzen als näher liegende. Als Gewichtsfunktion ist daher die Gaußfunktion eine sinnvolle Wahl:

$$g \propto \exp\left(-\frac{(|\vec{r}_j - \vec{r}_i|)^2}{2r_N^2}\right). \tag{4.22}$$

Diese entspricht auch der Charakteristik einer Hornantenne, die bei der Helligkeitsmessung der Ölverschmutzung genutzt wird. Diese Gewichtsfunktion beinhaltet die Abbildungseigenschaften der Antennenmessung, so dass dadurch physikalische Randbedingungen in der Auswertung berücksichtigt werden. Dies ist bei der Bestimmung der tatsächlichen Öldicken von Vorteil. Es gibt jedoch verschiedene Möglichkeiten für die Wahl der Gewichtsfunktion. Beispielsweise könnten die Cosinusfunktion, eine Dreieck– oder Rechteckfunktion als auch eine Differenz zweier Gaußfunktionen, ein sogenannter *mexican hat*, der auch negative Gewichtungen beinhaltet, benutzt werden. Eine Aufstellung ist in Abbildung 4.12 zu sehen.

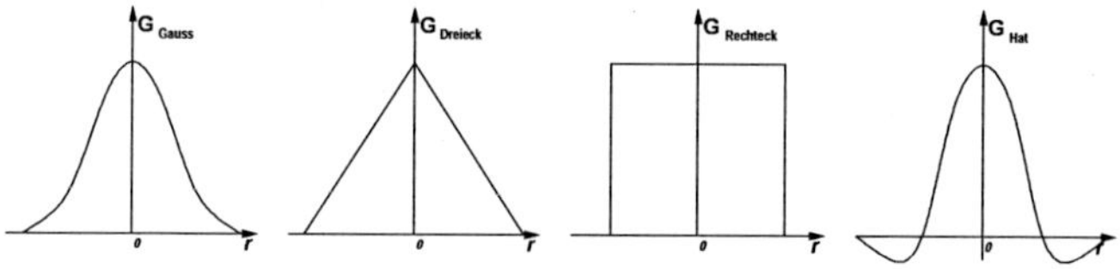

Abbildung 4.12: Beispiele für mögliche Gewichtsfunktionen der Nachbarschaft.

Die mathematische Bedeutung der Gewichtsfunktion liegt darin, dass zusätzliche Attraktoren im Phasenraumbild für diesen Messpunkt eingetragen werden. Sie sollen die Entscheidung für den „wahren" Wert begünstigen, damit Ausreißer in den Sensormesswerten nicht mehr so stark berücksichtigt werden. Der Nachbarschaftsbeitrag nach Gleichung 4.21 bildet, wie mit Gleichung 4.2 angedeutet, zusammen mit dem Sensorteil nach Gleichung 4.15 folgende Gesamtdynamik:

$$\begin{aligned}\tau \cdot \dot{d}(\vec{r}_i) &= \gamma_S \sum_{n=1}^{N} \sum_{m=1}^{M} \lambda_{n,m}(\vec{r}_i)\, (D_{n,m}(\vec{r}_i) - d(\vec{r}_i))\, e^{-\frac{(D_{n,m}(\vec{r}_i)-d(\vec{r}_i))^2}{2\sigma_S^2}} \\ &+ \gamma_N \sum_j g(|\vec{r}_j - \vec{r}_i|)\, (d(\vec{r}_j) - d(\vec{r}_i))\, e^{-\frac{(d(\vec{r}_j)-d(\vec{r}_i))^2}{2\sigma_N^2}} \quad . \end{aligned} \tag{4.23}$$

In dieser Gleichung bezeichnet $g(\cdot)$ eine Funktion nach Abbildung 4.12, mit der sie die räumliche Umgebung gewichtet. Die Beiträge $D_{n,m}(\vec{r}_i) - d(\vec{r}_i)$ und $d(\vec{r}_j) - d(\vec{r}_i)$ erzeugen alle Attraktoren auf der eindimensionalen Zustandsachse. Mit $\lambda_{n,m}$ werden die Attraktorstärken der Sensoren und deren Mehrdeutigkeiten wie in Gleichung 4.15 beschrieben. Die Exponentialfunktionen mit σ_S bzw. σ_N entscheiden in Abhängigkeit des Systemzustandes d darüber, wie groß die Einflussbereiche der jeweiligen Attraktoren sind. Die Faktoren γ_S und γ_N gewichten beide Summen gegeneinander. Der Parameter τ erlaubt die Änderung der Zeitskala für den Zustand d.

Diese Gleichung (4.23) konvergiert in Abhängigkeit der gewählten Parameter

$\sigma_S, \sigma_N, \gamma_S, \gamma_N$ und $g(\vec{r})$ wie folgt:

$$\dot{d}(\vec{r}) \longrightarrow 0 \qquad \text{und} \qquad d(\vec{r}) \longrightarrow d_0'(\vec{r}) \approx d_0(\vec{r})\,. \tag{4.24}$$

Darin beschreibt $d_0'(\vec{r})$ den globalen Attraktor nach der Iteration der Gleichung, der den tatsächlichen Wert der Dicke repräsentieren soll. Bei ungünstiger Parameterwahl kann es vorkommen, dass kein stabiler Fixpunkt erreicht wird. Darüber hinaus kann das System in einen Fixpunkt relaxieren, der nicht die reale Öldickenverteilung repräsentiert. Bei der Wahl der Parameter sollte deshalb Folgendes berücksichtigt werden: Der Einflussbereich eines Attraktors σ_N der Nachbarschaft sollte größer gewählt werden als die σ_S der Sensoren. Dagegen sollten die Gewichtungen bzw. relative Stärken der Attraktoren, die durch die Gewichtsfunktion $g(\cdot)$ bestimmt sind, kleiner als beim Sensorbeitrag λ_S sein. Es besteht trotzdem die Möglichkeit, dass der zusammengefasste resultierende Attraktor der Nachbarschaftswerte stärker wird als die Summe der Attraktoren der Sensormessung, so dass er diese „überstimmt", selbst wenn sie von den Attraktoren einer oder mehrerer lokaler Sensormessungen $D_{n,m}$ abweichen sollten. Auf diese Art kann das System eine Vielzahl von Fehlern, wie z. B. Spikes, zeitliche Ausfälle oder kurzfristige Dekalibrierungen der Sensoren autonom korrigieren.

Parametereinstellung und Initialisierung

Grundsätzlich gilt für die Einstellung der Parameter das bereits in Kapitel 4.1.2 Gesagte, vor allem für die Zeitskala τ sowie die Attraktorstärken $\lambda_{n,m}$ und die Einflussbereiche σ_S der Attraktoren. Bei einer expliziten Berücksichtigung der Nachbarschaft kommen jedoch weitere Parameter wie der Attraktoreinflussbereich σ_N und die relativen Gewichtsfaktoren γ_S und γ_N hinzu. Das resultierende gekoppelte nichtlineare dynamische System ergibt sich aus der Summe aller Attraktorbeiträge zu Gleichung 4.23. Ob dieses System in einen globalen stabilen Zustand konvergiert, hängt entscheidend von der Initialisierung der Dynamik ab. Als gute Wahl hat sich auch hier das arithmetische Mittel der Sensoreingänge bewährt:

$$d(\vec{r}_i)\Big|_{t=0} = \frac{1}{N \cdot M} \sum_{n=1}^{N} \sum_{m=1}^{M} D_{n,m}(\vec{r}_i)\,. \tag{4.25}$$

Simulationen ergaben, dass die Wahl der Systemparameter σ, r_N und $\lambda_{n,m}$ keinen großen Einfluss auf die Gesamtleistungsfähigkeit des Mechanismus haben, sondern dass sie in einem relativ breiten Bereich eingestellt werden können. Trotzdem darf zur wirkungsvollen Integration der physikalischen Gegebenheiten der Parameter σ_N nicht zu klein gewählt werden, da sonst möglicherweise nur wenige Attraktorbereiche überlappen, so dass eine Entscheidungsfindung des Systems erschwert wird. Es hat sich gezeigt [Gorontzi 1998], dass große Werte für σ_N die Elimination von Spikes bewirken, aber dadurch zu einer starken Glättung der bestimmten Dickenwerte führen. Wird σ_N jedoch zu klein gewählt, dann ergibt sich möglicherweise kaum eine Überlappung der Nachbarschaftsattraktoren. Deren Einfluss auf den neuen Zustandswert beim nächsten Iterationsschritt wird daher geringer. Damit wäre die Nachbarschaftsbetrachtung obsolet.

Die relativen Gewichte $\lambda_{n,m}$ in Gleichung (4.23) repräsentieren die Verlässlichkeit der jeweiligen Sensoren. Ist diese Information nicht vorab bekannt, kann sie durch Vergleich der Sensormesswerte $D_{n,m}(\vec{r}_i)$ mit dem stabilen Zustand $d(\vec{r}_i)|_{t\to\infty}$, in den das System konvergiert, ermittelt werden. Ein Sensor, der vom fusionierten Wert an vielen Orten $\vec{r}_i$ abweicht, ist weniger zuverlässig. Sein relatives Gewicht $\lambda_{n,m}$ sollte daher proportional zu dieser Abweichung reduziert werden. Sensorfusionsprozesse, die dasselbe System nutzen, profitieren von dieser Information durch beschleunigte Konvergenz, da die unzuverlässigen Sensoren automatisch weniger Einfluss auf die Gesamtschätzung bekommen.

Die Wahl der Nachbarschaftsgröße r_N hat sich als ziemlich unkritisch erwiesen (Gorontzi 1998, Kap. 5.5), solange der Radius nicht zu groß gewählt wird und damit nicht mehr von einer lokalen Wechselwirkung zwischen benachbarten Messpunkten gesprochen werden kann. Dann ist eine Verbesserung der Güte bei der Bestimmung der Dicken durch die Elimination von Ausreißern und die Unterdrückung der Rauschanteile nicht möglich. Die einzelnen Maxima in der ursprünglichen Verteilung werden dann sehr stark geglättet, so dass die sich ergebende Verteilung kaum Ähnlichkeit mit dem Original aufweist.

Zusätzlich müssen in Gleichung 4.23 die beiden Gewichtsfaktoren γ_S und γ_N eingestellt werden. Es hat sich gezeigt [Gorontzi 1998], dass die Nachbarschaft eine stärkere Gewichtung erhalten muss, wenn das dynamische System mit den Mittelwerten der Sensoreingänge initialisiert wird. Etwa bei einem Verhältnis $\gamma_S : \gamma_N$ von 1:9 wurde der kleinste quadratische Fehler bezüglich der angenommenen Eingangsverteilung minimal. Dies bedeutete aber nicht den Erhalt der Originalverteilung nach der Fusion. Vielmehr fand eine deutliche Deformation der Werteverteilung statt, da die Nachbarschaft zu stark gewichtet war. Die Einstellung $\gamma_S \approx \gamma_N$ hat sich als günstiger herausgestellt.

Vergleich mit neuronalen Feldern

Im Folgenden wird ein anderer dynamischer Ansatz kurz vorgestellt, der auf *neuronalen Feldern* basiert und bisher beispielsweise zur Steuerung autonomer Roboter auf Basis visueller Sensoraufnahmen [Nass 1997; Bicho 2000] und einer Kombination mit Sprache [Menzner et al. 2000; Menzner 2000] genutzt wurde. Auf eine mathematische Darstellung dieser Theorie wird jedoch verzichtet. Dazu sei auf Amari [1977], Kishimoto und Amari [1979] sowie Giese [1999] verwiesen. Hier werden nur kurz die

Grundgedanken wiedergegeben, die für den Aufbau eines Sensorfusionssystems relevant sind.

Ursprünglich wurden dynamische neuronale Felder als Modell für die Beschreibung neuronaler Aktivitäten in kortikalen Strukturen eingeführt [Wilson und Cowan 1973; Amari 1977]. Sie sind ortskontinuierliche neuronale Netzwerke mit definierter topologischer Struktur. Sie stellen ein mathematisches Konzept dar, das eine verteilte Repräsentation von Information mit dynamischen Systemen kombiniert. Neuronale Felder können als makroskopische Beschreibung der Dynamik der Aktivität von *Neuronen* durch Terme einer orts– und zeitkontinuierlichen Verteilung $u(\vec{z},t)$ verstanden werden. Sie genügen gewissen Kontinuitätsbedingungen und geben die mittlere Aktivität innerhalb eines neuronalen Ensembles am Ort $\vec{z}$ zur Zeit t an [Schöner und Kelso 1988; Giese 1999]. Sie gehören zur Klasse der Integro–Differentialgleichungen. Amari [1977] realisierte ein neuronales Feldmodell, das mathematisch einfach zu beschreiben ist und eine Analyse seiner dynamischen Eigenschaften erlaubt.

Information wird in neuronalen Feldern durch die Felderregung $u(\vec{z},t)$ repräsentiert. Diese beschreibt nicht direkt eine Information, sondern gibt durch ihre Amplitude den Informationsgehalt am Ort $\vec{z}$ an. Die Information selbst wird durch die Ortskoordinate $\vec{z}$ kodiert. Jede Größe, über die Information vorhanden ist, muss deshalb als eigene Felddimension dargestellt werden. Neuronale Felder besitzen den Vorteil, dass sie eine Einkopplung kontinuierlicher äußerer Stimuli erlauben und eine Nachbarschaft miteinbeziehen können. Die Berücksichtigung einer Nachbarschaft erfolgt jedoch anders als beim zuvor beschriebenen dynamischen System. Hier wird die Nachbarschaft über der Position $\vec{z}$ des Feldes mit Hilfe eines Wechselwirkungskerns eingekoppelt, wozu meist eine sogenannte *mexican hat* Funktion benutzt wird, die symmetrisch ist und sowohl verstärkende als auch hemmende Anteile besitzt. Bei geeigneter Wahl der Breiten des hemmenden und des exitativen Bereiches des Wechselwirkungskerns bildet sich eine stabile *peak*–Lösung aus [Amari 1977].

In unserem Beispiel der Öldickenbestimmung ist man nicht am Verhalten der Felderregung, sondern an der Bewegung des Maximums des Erregungs-Peaks interessiert, da an jedem Ort immer nur genau ein Dickenwert d vorliegen kann. Das bedeutet, dass die Dicke eine *instantiierte* Variable ist. Die folgende Gleichung beschreibt die Bewegung dieses Peaks des neuronalen Feldes.

$$\dot{d} = \frac{1}{\tau} \int_{-\infty}^{\infty} (d' - d)\, e^{-\frac{(d'-d)^2}{c^2}}\, s(d',t)\, \mathrm{d}d' \,. \tag{4.26}$$

Darin bezeichnet s die externen Stimuli, die zum Beispiel nicht vorverarbeitete, „rohe" Sensordaten oder auch Nachbarschaftsinformation darstellen können. Die Parameter c und τ des Systems beschreiben zum einen die räumliche Ausdehnung, über die eine Struktur im Eingangsfeld geglättet wird und zum anderen die Relaxationszeit der Zustandsvariablen d.

Für den vorliegenden Anwendungsfall ist man an der direkten Betrachtung der Nachbarschaft des Messpunktes interessiert. Damit muss ein dreidimensionales Feld $u(\vec{z},d,t)$ über dem Ortsraum $\vec{z}$ und der Dicke d sowie ein entsprechender Wechselwirkungskern benutzt werden, wenn die topologische Struktur des Feldes der der Messaufnahme entspricht, bei der eine Ölverschmutzung gitterartig abgetastet wird. Allerdings darf man dann nur monostabile Lösungen bezüglich d berücksichtigen, da man nicht daran interessiert ist, mehrere Dicken oder überhaupt keine Dicke an einem Ort zu erhalten. In dieser Weise kann auch die Dicke direkt als Felderregung benutzt werden: $u(\vec{z},d,t) \rightsquigarrow d(\vec{z},t)$. Diese Methodik wurde für Sensorfusionsprobleme in Gorontzi [1998] untersucht.

In dieser Arbeit wird jedoch eine andere Philosophie verfolgt: Es soll hier nicht zwischen der Information aus Sensordaten und der der Nachbarschaft unterschieden, sondern alle Informationen, also Sensordaten, Nachbarschaft und auch Expertenwissen sollen gleich behandelt werden. Daher wird grundsätzlich jeglicher Informationsbeitrag als Attraktor ein und derselben Zustandsvariablen beschrieben und zur Dynamik hinzuaddiert (siehe Gleichung 4.23).

5 Systemverifikation und Ergebnisse

In diesem Kapitel wird die Güte des dynamischen Systems zur Sensorfusion anhand simulierter und realer Daten untersucht. Als Referenzsystem dient die arithmetische Mittelung, mit der die Fusionsergebnisse verglichen werden. Zur entsprechenden Beurteilung der Güte werden zunächst die Schätzfehler bei der Fusion stochastisch gestörter eindimensionaler simulierter Daten bestimmt. Die Simulationsdaten entstammen einem reinen Rauschprozess und stellen den zeitlichen Verlauf von Messungen dar, wie sie zum Beispiel mit mehreren Sensoren bei der Temperaturerfassung in einer Flüssigkeit auftreten. Die Einflüsse der entwickelten Rekalibrierdynamik auf die Fusion stark voneinander abweichender Sensordaten werden ebenfalls dargestellt und diskutiert. Damit werden vorwiegend die systematischen Fehler in den Daten erkannt und entsprechend eliminiert. Des Weiteren wird untersucht, welchen Einfluss die in diesem Verfahren auftretenden Parameter des Systems (siehe Gleichungen 4.3 bzw. 4.15 und 4.20) auf die Schätzgüte besitzen. Dazu werden die Parameter variiert und jeweils die Schätzfehler anhand des mittleren quadratischen Fehlers bestimmt. Diese Untersuchungen sind besonders für die nachfolgenden Anwendungen des Verfahrens auf simulierte wie auch auf reale zweidimensionale Messdaten erforderlich. Nur so lassen sich Erfahrungswerte sammeln, wie und unter welchen Bedingungen diese Parameter für praktische Anwendungen eingestellt werden sollten.

Die Simulationen im Zweidimensionalen beschreiben eine Situation, wie sie bei der Messung einer Temperaturverteilung mit verschiedenen Antennen auftreten könnte. Diese Problematik wurde anhand des realen Beispieles der Bestimmung der Ölfilmdicke auf Grund vorliegender Mikrowellenradiometermessungen beschrieben. Mit Hilfe eines dazu entwickelten Programmes können die Antennencharakteristika und die verschiedenen stochastischen Störanteile, die unter anderem im Rauschen, in der Sättigung und im Antennenübersprechen ihre Ursachen haben, hinreichend gut simuliert werden. Eine genauere Auflistung der einbezogenen unterschiedlichsten Störungen wurde bereits in Unterkapitel 2.3.1 gegeben. Damit kann untersucht werden, wie das Verfahren mit den verschiedensten Störungen umgeht bzw. wie diese Störungen die Fusionsergebnisse beeinflussen. Daneben stellt die Betrachtung der Zweidimensionalität weitere Anforderungen an ein Fusionsverfahren. Wie in Kapitel 5.1.2 zu sehen sein wird, bietet die zweidimensionale Betrachtung zusätzliche Möglichkeiten für ein etwas abgewandeltes, verbessertes Verfahren.

Am Ende des Kapitels wird das Verfahren auf reale Daten angewendet. Diese stammen aus Radiometermessungen (bei 18.7, 36.5 und 89 GHz) der ölverschmutzten Meeresoberfläche, die von einem Flugzeug aus aufgenommen wurden (Projekt MEDUSA [Wagner et al. 2000]). Leider sind hier keine Referenzdaten erhältlich, mit denen die Interpretation der geschätzten Fusionswerte als tatsächliche Öldicken möglich wäre. Eine Normierung kann nur mit der bekannten Gesamtölmenge erfolgen, da bei den Testmessungen vor der norwegischen Küste im Rahmen eines „NOFO exercise" [Hengstermann 2000] immer definierte Ölmengen ins Meer eingelassen wurden. Eine genaue Aussage über die tatsächliche Ölmenge an der Meeresoberfläche ist trotzdem nicht möglich, da sowohl die Auswirkungen der Meeresströmung als auch die Umwälzung des Wassers durch das ausbringende Schiff kaum abgeschätzt werden können. Trotzdem soll dieses Beispiel den praktischen Anwendungsfall darstellen, da sich auf Grund seiner Komplexität die Leistungsfähigkeit des entwickelten Verfahrens auch unter erschwerten Bedingungen beurteilen lässt. Darüber hinaus gibt das Problem der Öldickenschätzung ein gutes Beispiel für die Klasse der Anwendungsgebiete.

5.1 Simulationen

5.1.1 Systemverifikation anhand von Temperaturmessungen

Die Verläufe der folgenden Temperaturmessungen werden durch den in Kapitel 4.2.1 vorgestellten Rauschprozess (Gleichung 4.13) generiert. Daraus ergeben sich als Messdaten drei Zeitreihen, in denen die zu messende Temperatur als null angenommen wird. Diese hätte sich bei einer realen Messung ergeben müssen, wenn die Temperaturmessung nicht gestört wäre. Die dargestellten Amplituden sind somit als Abweichung von der wahren Temperatur zu interpretieren. Die simulierten Messreihen sind in Abbildung 5.1 zu sehen. Die Fusion der Datenreihen erfolgt auf Basis der Gleichung 4.3. Das Ergebnis ist den Daten in Abbildung 5.1 als dicke durchgezogene Kurve überlagert.

Um die Güte des Fusionsergebnisses beurteilen zu können, wird der mittlere quadratische Fehler (MSE, engl. für mean squared error) zum Mittelwert null der Messung bestimmt:

$$MSE = \frac{1}{N}\sum_{i=1}^{N} m_i^2 . \tag{5.1}$$

In dieser Gleichung bezeichnen m_i die jeweiligen Schätzwerte der gesuchten Größe an den Positionen i und N ist die Gesamtzahl der Schätzwerte. Im abgebildeten Beispiel

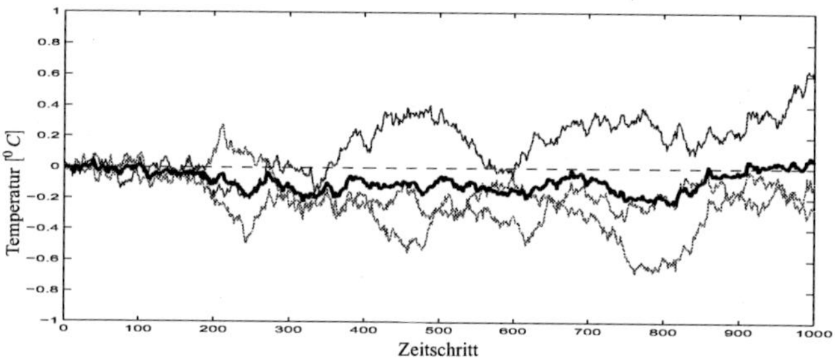

Abbildung 5.1: Fusionsergebnis (dicke Linie) dreier simulierter Rauschprozesse (Gleichung 4.13) mit dem dynamischen System nach Gleichung 4.15.

liegt der Fehler nach der Fusion der Zeitreihen bei $MSE_{dyn} = 0.012$, während der Fehler des arithmetischen Mittelwertes bei $MSE_{mean} = 0.062$ liegt und damit deutlich höher ist. In diesem Beispiel beträgt die Varianz der addierten Rauschamplitude $0.02 \equiv 2\%$ gemäß Gleichung 4.13. Der Prozentwert der Varianz des Rauschens wird im Folgenden zur Beschreibung der Rauschanteile benutzt. Die in der Fusionsgleichung 4.3 allein einzustellenden zwei Parameter λ_n und σ_n wurden bei konstantem $\tau = 1$ wie folgt gewählt:

$$\lambda_n = 1/3 = const. \qquad \text{und} \qquad \sigma_n = 1 = const..$$

Sind diese Parameter für alle Sensoren konstant, dann wird im Folgenden nur ein Index S verwendet, zum Beispiel σ_S. Zur Beurteilung der Ergebnisse wurden jeweils einhundert Datensätze wie in obigem Beispiel simuliert. Dabei blieben die sonstigen Parameter unverändert. Tabelle 5.1 zeigt die Durchschnittswerte des MSE über alle 100 Fusionsergebnisse im Vergleich für eine Fusion der Daten durch eine einfache arithmetische Mittelung sowie einer Fusion durch das entwickelte dynamische System. Dazu sind die Minima und Maxima sowie die Mittelwerte und Standardabweichungen der Fehler aufgeführt. Zum Vergleich sind diese statistischen Kennzahlen auch für die Fehler der einzelnen simulierten Zeitreihen angegeben, die bei Sensor 1 mit 5% und bei den beiden anderen simulierten Sensordaten mit 2% Rauschanteil versehen wurden.

Die Fehler bei einer Mittelung sowie die Fehler nach einer Fusion durch die Dynamik unterscheiden sich mit $MSE_{mean} = 0.1982$ bzw. $MSE_{dyn} = 0.1191$ sehr deutlich. Die Standardabweichung des Fehlers der gemittelten Werte ist mit 0.3064 ebenfalls um mehr als das Doppelte größer als die des Fusionsergebnisses von 0.1250. Diese Ergebnisse zeigen, dass der Fehler bei der Fusion durch die Dynamik durchschnittlich deutlich besser ist als der bei einer arithmetischen Mittelung. Der fusionierte Temperaturverlauf liegt näher bei der angenommenen wahren Temperatur. Diese Ergebnisse sind schon bei einer geringen Sensoranzahl überzeugend, obwohl daraus keine sichere Statistik erstellt werden kann.

MSE	Minimum	Maximum	Mittelwert	Standardabweichung
Sensor 1	0.0686	12.4971	1.3754	2.0105
Sensor 2	0.0161	0.7699	0.1644	0.1588
Sensor 3	0.0121	1.1811	0.2013	0.2294
arithm. Mittel	0.0115	2.2905	0.1982	0.3064
Fusionsmittel	0.0097	0.7944	0.1191	0.1250

Tabelle 5.1: Vergleich einiger statistischer Größen der MSE von 100 durchgeführten Simulationen der Fusion dreier Rauschprozesse (Rauschanteile je Sensor 1-3: 5%, 2%, 2%).

Deshalb wurden im folgenden Beispiel acht Sensormessungen simuliert und anschließend fusioniert. Die Varianz der addierten Rauschanteile beträgt bei fast allen Daten 2%, nur bei den Daten eines Sensors beträgt sie 5%. Zum Vergleich zeigt Tabelle 5.2 dieselben Statistiken wie Tabelle 5.1. Die berechneten Fehler nach Gleichung 5.1 liegen dort bei $MSE_{mean} = 0.3224$ bzw. $MSE_{dyn} = 0.0329$ für die Fusion durch arithmetische Mittelung bzw. durch das dynamische System. Damit erreicht der Unterschied sogar eine Zehnerpotenz. Die Standardabweichungen unterscheiden sich ebenfalls sehr deutlich von 0.4121 zu 0.0560.

MSE	Minimum	Maximum	Mittelwert	Standardabweichung
Sensor 1	0.0797	8.2284	1.1086	1.3551
Sensor 2	0.0096	0.8934	0.1572	0.1744
Sensor 3	0.0153	1.1991	0.2533	0.2444
Sensor 4	0.0181	0.6714	0.1850	0.1673
Sensor 5	0.0139	1.6206	0.2517	0.3333
Sensor 6	0.0171	0.9157	0.1928	0.1888
Sensor 7	0.0109	1.2356	0.2417	0.2645
Sensor 8	0.0110	1.0160	0.1900	0.2091
arithm. Mittel	0.0314	2.0644	0.3128	0.4121
Fusionsmittel	0.0026	0.2901	0.0428	0.0560

Tabelle 5.2: Vergleich der Fehlerstatistik von 100 Simulationen der Fusion von acht Rauschprozessen (Rauschanteile: Sensor 1: 5%, alle weiteren Sensoren 2%).

Für Abbildung 5.2 sind diese jeweils 100 Simulationen für eine unterschiedliche Anzahl an Sensoren wiederholt worden. Die jeweiligen Fehler der Sensormittelung und der Fusion mit dem dynamischen System wurden von allen 100 Simulationen gemittelt und deren Standardabweichungen bestimmt. Diese sind als Fehlerbalken im Diagramm eingetragen. Bis auf den letzten Wert bei 15 Sensoren betrug der Rauschanteil eines Sensors immer 5%, wogegen die anderen mit 2% Rauschen belegt wurden. Bei der

Simulation mit 15 Sensoren wurden 2 Sensoren mit je 5% Rauschen belegt. Da jedoch auch 100 Simulationsdurchläufe keine sichere Statistik liefern, können nur allgemeine Tendenzen beurteilt werden. Man erkennt deutlich, dass der Fehler durch die Fusion mit der entwickelten Dynamik mit steigender Zahl an Sensoren sinkt. Der Fehler der arithmetischen Mittelung der Sensoren steigt dagegen sogar an. Auch die Standardabweichungen werden, im Gegensatz zum Fusionsergebnis mittels der Dynamik, mit steigender Sensoranzahl größer. Damit liegen die MSE bei der Fusion durch die Dynamik immer innerhalb der Standardabweichungen der Fehler nach einer Mittelung der Daten. Der Erwartungswert des Ensembles der Random-Walk-Prozesse sollte bei null liegen. Da die Varianz mit der Länge des Datensatzes korreliert, sollte diese zumindest bei der Fusion von bis zu 10 Sensoren etwa konstant bleiben.

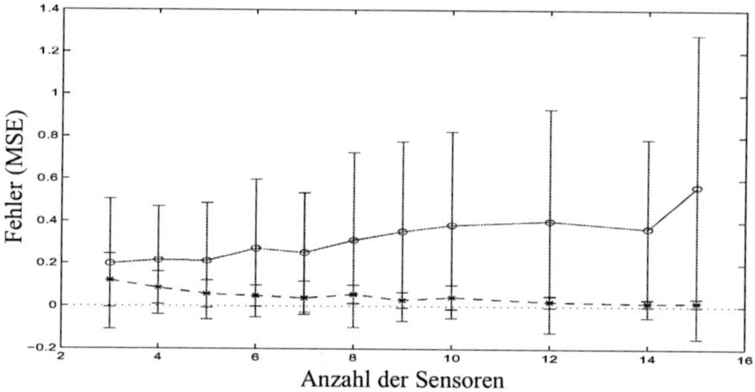

Abbildung 5.2: Mittelwerte mit Standardabweichungen als Fehlerbalken der MSE von jeweils 100 gemittelten (oben) und durch die Dynamik fusionierten Sensorwerten (unten) bei 3 bis 15 Sensormessungen. Die Varianz des Rauschanteils beträgt bei einem Sensor 5%, sonst 2%, außer bei 15 Sensoren, wo 2 Sensoren mit 5% Rauschen belegt wurden.

Je mehr Sensoren dazukommen, desto geringer werden also der Fehler und die Standardabweichung durch die Fusion mit der Dynamik. Vom $MSE_{dyn,5} = 0.056$ bei 5 Sensoren fällt dieser auf $MSE_{dyn,10} = 0.027$ bei 10 Sensoren. Dagegen steigt der Fehler bei einer Mittelung vom $MSE_{mean,5} = 0.212$ auf den $MSE_{mean,10} = 0.439$. Eine weitere Erkenntnis liefert das Ergebnis der Fusion von 15 Sensoren: Die Erhöhung des Rauschanteils eines weiteren Sensors hat die Güte des Dynamikergebnisses nicht beeinträchtigt. Der Fehler liegt mit $MSE_{dyn,15} = 0.018$ signifikant niedriger als bei nur 10 Sensoren. Die Mittelung der Sensoren ergibt dagegen einen deutlichen Fehleranstieg. Dieser erreicht mit $MSE_{mean,15} = 0.566$ in etwa das Dreifache des Fehlers bei der Fusion von 3 Sensoren. Ohne die Berücksichtigung des zweiten, stärker verrauschten Sensors liegt bei einer Vergleichsberechnung der $MSE_{mena,15} = 0.4774$ niedriger.

Als Zwischenergebnis ist festzuhalten, dass der MSE der Fusion dreier Rauschprozesse signifikant kleiner ist als der bei einer arithmetischen Mittelung der Daten. Noch deutlicher wird der Unterschied der Fehler, wenn mehrere Sensorbeiträge fusioniert werden, die alle dieselbe Messgröße aufnehmen. Je mehr Sensoren berücksichtigt werden, desto geringer wird der Fehler bei der Fusion durch die Dynamik. Dies ist auch dann der Fall, wenn weitere Sensordaten ein schlechteres Rauschverhalten aufweisen als die zuvor betrachteten.

Im Folgenden wird der Einfluss der drei Parameter λ_n, σ_n und τ auf die Güte der Fusion von nur drei Rauschprozessen untersucht, da die Ergebnisse sonst in der Darstellung zu unübersichtlich wären. Dabei werden einfache Regeln für die Einstellungen dieser Parameter abgeleitet, die im nächsten Unterkapitel bei der Fusion zweidimensionaler Daten genutzt werden. Anschließend wird die Auswirkung einer Rekalibrierung der Sensordaten in Abhängigkeit des Parameters σ_r auf das Fusionsergebnis untersucht.

Variation der Parameter λ_n

Erhöht man die Energie des Rauschanteils eines Sensors durch die Vergrößerung der Amplitude in Gleichung 4.13 im Vergleich zu den anderen Sensoren, so muss man einen Anstieg des Fehlers nach der Fusion erwarten. Das ist anhand der 100 Simulationen bei 15 Sensoren zu erkennen. Der mittlere quadratische Fehler kann aber verbessert werden, indem gleichzeitig der Wert für λ_n dieses Sensors verringert wird, da dieser Parameter die Stärke bestimmt, mit der ein Sensor in der Fusionsdynamik gewichtet wird. Die Untersuchung der Fusionsgüte bei Variation der Parameter λ_n zeigt Abbildung 5.3.

Wählt man alle $\lambda_n = 0.33 = const.$ wie in Abbildung 5.3 oben, so haben alle Sensorwerte bei der Fusion dieselbe Gewichtung. Der Fehler liegt dort bei $MSE_{dyn} = 0.066$ gegenüber einem Fehler der Mittelung der drei Zeitreihen von $MSE_{mean} = 0.133$. Verändert man die Werte der Attraktorstärken auf $\lambda_n = [0.8, 0.1, 0.1]$, was einer Übergewichtung des ersten Sensors gleichkommt, so folgt die Dynamik wie zu erwarten hauptsächlich diesem Sensor. Im vorgestellten Beispiel in Abb. 5.3 Mitte nimmt dann der Fehler auf $MSE_{dyn} = 0.887$ zu und liegt damit sogar schlechter als der bei einer Mittelung der Daten. Passt man dagegen die Attraktorstärke der Güte eines Sensors an, indem man bei starken Rauschanteilen die Gewichtung dieser Sensorbeiträge vermindert, so folgt das dynamische System stärker den Sensoren mit größerer Konfidenz. Auf diese Weise ist es leicht möglich, entsprechendes Vorwissen über die Qualität eines Sensors in den Fusionsprozess zu integrieren. Dies ist unten in Abbildung 5.3 zu sehen. Der Fehler verringert sich bei der Wahl der Gewichte $\lambda_n = [0.2, 0.4, 0.4]$ auf $MSE_{dyn} = 0.027$ und liegt damit weit unter dem der Mittelung. Dies bedeutet aber nicht, dass das jeweilige λ_n so gering wie möglich oder sogar gleich null gewählt werden soll. Eine zu starke Abschwächung der Gewichtung eines Sensors oder die völlige Elimination einer Sensormessung ist nicht sinnvoll, da auch ein Sensor geringerer Güte ein Fusionsergebnis stützen kann.

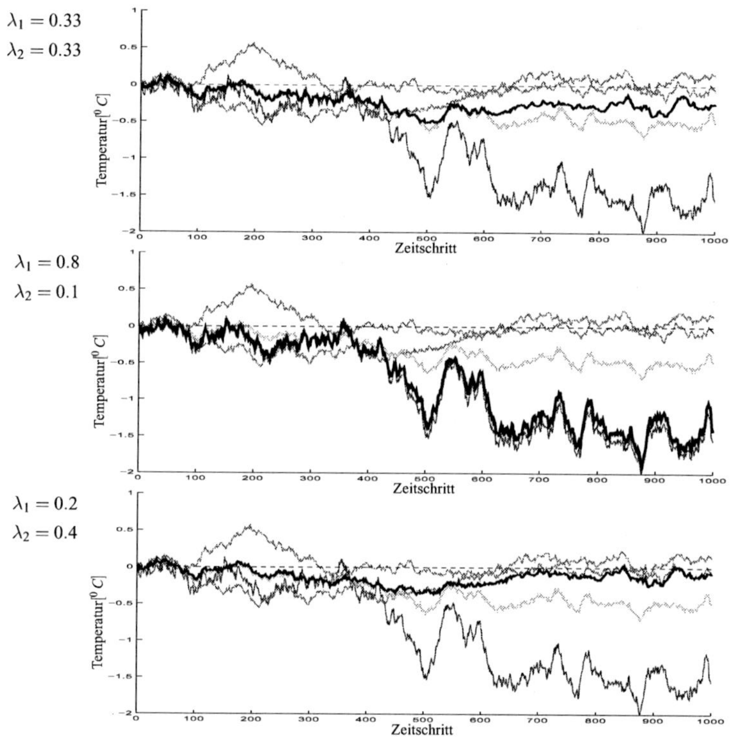

Abbildung 5.3: Untersuchung der Abhängigkeit des Fusionsergebnisses (dicke Kurve) dreier Rauschprozesse vom Parameter λ. Die jeweils untere Kurve wurde mit 5% Rauschen belegt, während der Rauschanteil der beiden anderen nur bei 2% lag. Mit diesem Parameter wird die Stärke des Einflusses eines Sensors auf das Fusionsergebnis eingestellt. Wird die Stärke eines Sensors zu groß gewählt (Mitte: $\lambda_1 = 0.8$), so folgt die fusionierte Kurve nur noch diesem Sensor.

Bei der Wahl dieses Parameters sollte man beachten, dass je größer der Unterschied in der Güte zweier Sensoren ist, d. h. im Allgemeinen je höher die Rauschanteile liegen, desto größer sollte umgekehrt proportional auch der Unterschied bei den Gewichtsfaktoren λ_n sein. Steigt also die Güte eines Sensors, so sollte der entsprechende Wert für λ_n vergrößert werden. Man sollte jedoch beachten, dass ein zu geringer Wert für λ_n den Einfluss dieses Sensors übermäßig stark verringern würde. Damit zeigt sich, dass zur

Verbesserung der Ergebnisse a priori Wissen über die Qualität eines Sensors zur Wahl der Parameter λ_n genutzt werden sollte.

Variation der Parameter σ_n

Das Vergrößern des Rauschanteils eines Sensors bedeutet in dieser Simulation nicht nur, dass die Qualität der Messung schlechter wird. Da der Random–Walk–Prozess nicht stationär ist, entfernt sich ein Sensor im Zeitverlauf immer weiter von der Nulllinie, d. h. er driftet ganz weg. Daher wird hier nur ein beschränktes Zeitintervall untersucht. Besitzen die Daten eines Sensors einen deutlich größeren Rauschanteil als andere, so sollte sein λ-Wert nicht entsprechend verringert werden, um diesen Daten weniger Gewicht zu verleihen. Soll er noch in den Fusionsprozess eingehen, dann könnte der Parameter σ_n vergrößert werden, der den Einflussbereich eines Messwertes im dynamischen System erhöht. Damit wird diesem Sensor wenigstens auf diese Weise Einfluss auf das dynamische Verhalten gewährt. Dies kann jedoch zum völligen Abdriften der Fusionswerte führen, da der Zustand der Gesamtdynamik den falschen Messwerten folgt. Diese Auswirkung kann anhand Abbildung 5.4 gesehen werden, in der ein Sensor einen Rauschanteil von 5%, die anderen aber nur von je 2% besitzen.

Der Fehler erhöht sich von $MSE_{dyn} = 0.066$ bei $\sigma_n = [1,1,1]$ auf $MSE_{dyn} = 0.158$ bei $\sigma_n = [5,1,1]$. Dieser Sensor sollte deshalb als Ausreißer gewertet werden und keinen zu großen Einfluss auf die Dynamik durch die Wahl eines großen Einflussbereiches seines Attraktors bekommen. Auch die gleichzeitige Erhöhung der Einflussbereiche der beiden anderen Sensordaten führt dann nicht zu einer deutlichen Reduzierung des Fehlers, der für die zweite Grafik in Abbildung 5.4 bei $MSE_{dyn} = 0.118$ liegt und damit nur geringfügig niedriger als der Fehler der Mittelung ist. Man erkennt aus der dritten Grafik, dass der MSE wieder zu dem Fehler der Mittelung tendiert, wenn die σ_n weiter vergrößert werden. In diesem Beispiel betragen die σ_n für die drei Sensoren $[6,6,6]$. Erhöht man dagegen nur die Einflussbereiche der beiden Sensoren mit besserer Güte ($\sigma_n = [1,5,5]$), so verringert sich der Fehler gegenüber der einheitlichen Wahl des Parameters, wenn auch nur geringfügig auf $MSE_{dyn} = 0.0608$.

Zusammenfassend lässt sich festhalten, dass der Einfluss der Parameter λ_n auf das Fehlermaß deutlich stärker ist als eine Veränderung der Attraktoreinflussbereiche σ_n der Sensoren. Werden die Einflussbereiche aber sehr groß gewählt, dann überlappen alle Attraktoren der Dynamik, so dass die Fusion einer arithmetischen Mittelung gleichkommt (vgl. Kap. 3.2.3). Der mittlere quadratische Fehler nimmt folglich zu. Damit das System selbsttätig Entscheidungen treffen kann, muss der Einflussbereich des Attraktors eines Sensorbeitrages aufgabenabhängig, jedoch nicht zu groß gewählt werden.

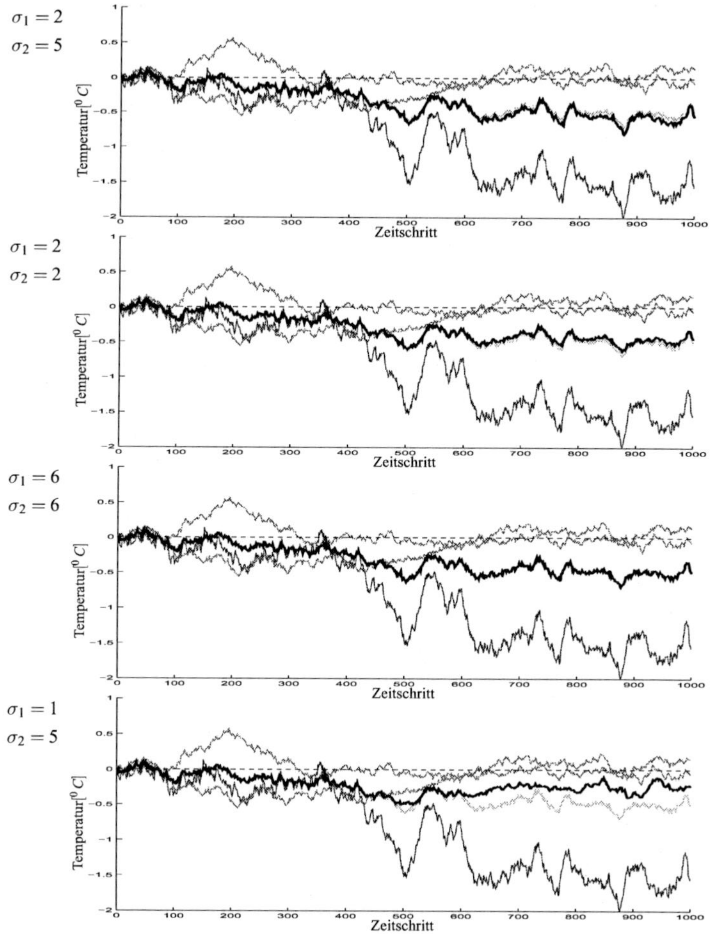

Abbildung 5.4: Veränderung des Fusionsergebnisses bei Variation des Parameters σ_n. Die dickere schwarze Kurve gibt jeweils das Fusionsergebnis wieder. Zum Vergleich zeigt die dicke helle Kurve das Ergebnis der arithmetischen Mittelung. Verringert man den Einflussbereich des Sensors mit dem größten Rauschanteil (jeweils untere Kurve), so vermindert sich auch sein Einfluss auf das Fusionsergebnis (Vergleiche Bilder oben und unten).

Variation des Parameters τ

Bezüglich des letzten der drei Parameter der Gleichung 4.3 werden im Folgenden die Auswirkungen einer Änderung des Parameters τ auf die Fusionsgüte untersucht. Da die Zeitskala τ die Geschwindigkeit kontrolliert, mit der sich die Zustandsvariable ändern kann, ist es nicht verwunderlich, dass der Schätzwert sehr träge wird, wenn man diesen Parameter erhöht. Um dieses Verhalten besser beobachten zu können, wurden nur 500 Zeitschritte für die Simulationen benutzt. Ansonsten wurden dieselben Parametergrundeinstellung mit $\sigma_S = 1$ und $\lambda_S = 1/3$ gewählt bei wiederum addierten Rauschanteilen von $[5\%, 2\%, 2\%]$ wie bei den Simulationen zuvor.

Eine Erhöhung von τ bewirkt eine glattere Kurve der Systemzustandsschätzung. Dies zeigt auch Abbildung 5.5. Da es sich bei diesem Simulationsbeispiel um einen reinen Rauschprozess handelt, der um den Gleichanteil null schwankt, wirkt sich diese Glättung hier positiv auf den Fehler aus. Der Fehler sinkt von $MSE_{dyn} = 0.0105$ bei $\tau = 1$ auf $MSE_{dyn} = 0.0097$ bei $\tau = 4$ und sogar auf $MSE_{dyn} = 0.0061$ bei $\tau = 20$, wobei der Fehler nach der reinen Mittelung der Sensordaten bei $MSE_{mean} = 0.0104$ liegt. Man kann diese verstärkte Glättung bei größeren τ sehr gut in Abbildung 5.5 verfolgen. Bei dem hier gezeigten Beispiel handelt es sich um einen Spezialfall, weil die Simulationsdaten einen Erwartungswert von null besitzen. Im Allgemeinen bewirkt ein größer werdender Wert für τ nicht, dass die Kurve des Systemzustandes glatter wird. Nur wenn eine Zeitskala gewählt wurde, die sich optimal der Dynamik der zu untersuchenden Größe anpasst, ist dieses Verhalten zu beobachten.

Auswirkungen einer Rekalibrierung der Sensordaten

Bisher wurden die Sensordaten ohne Beurteilung der Güte der einzelnen Sensormesswerte fusioniert. Diese wird nun im Folgenden durch den Rekalibrierteil im dynamischen System mitberücksichtigt. Er dient hauptsächlich zur Eliminierung systematischer Fehler wie Offsets und Driften in den gemessenen Sensordaten. Das Prinzip einer Rekalibrierung wurde in Kapitel 4.3.2 ausführlich beschrieben. Einige Ergebnisse sollen nun vorgestellt werden. Zusätzlich wird der Frage nachgegangen, wann der Einsatz einer Rekalibrierung überhaupt sinnvoll ist.

Wie man den Untersuchungen der Erhöhung des Rauschanteils entnehmen kann, wäre es möglich, dass ein Sensor vor einer Messung nicht richtig eingestellt bzw. kalibriert wurde. Das kann bei einer laufenden Messung dazu führen, dass Sensorwerte immer einen falschen Offset besitzen oder die Werte während der Messung driften. Ist jedoch der normale Messbereich eines Sensors bekannt, so kann man das dynamische System mit einer Rekalibrierdynamik nach Gleichungen 4.20 und 4.17 erweitern. Darin muss nur der Parameter σ_r eingestellt werden, der den gültigen Messbereich eines Sensors repräsentiert. Mit dieser Erweiterung ist das dynamische System in der Lage, laufend die Sensorwerte zu überprüfen. Die Sensordaten werden dann neu kalibriert, wenn die Abweichung vom momentanen Systemzustand zu groß und der gültige Messbereich überschritten wird. Wenn man feststellt, dass ein Sensor trotz zugeschalteter Rekalibrierung fehlerhaft arbeitet und somit nach einiger Zeit vollkommen falsche Werte ergibt, sollte die Rekalibrierbandbreite σ_r verringert werden.

Bei der Fusion von nur drei Sensoren hat die Rekalibrierung eines Sensors eine große Auswirkung auf das Fusionsergebnis. Deshalb sollte man genau wissen, wann man die Rekalibrierung einsetzt und wie groß die Rekalibrierweite σ_r gewählt werden kann. Hierbei können sich Fehler in den Einstellungen sehr üngünstig auf das Fusionsergebnis auswirken. Diese Problematik ist anhand der Plots in Abbildung 5.6 erkennbar, in der die Fusion dreier verrauschter Zeitreihen, die auch schon für die Untersuchungen der anderen Parameter verwandt wurden, unter der Variation des Parameters σ_r untersucht wird. Wird die Rekalibrierbandbreite zu klein gewählt ($\sigma_r = 0.2$), dann werden die Sensormessungen zu oft rekalibriert, ist sie zu groß ($\sigma_r = 2.0$), dann hat sie möglicherweise gar keine Auswirkungen. Die mittleren quadratischen Fehler lagen für Werte von $\sigma_r < 1$ zwar mit $MSE_{dyn,rek} = 0.0589$ und 0.0296 immer unter dem Fehler ohne Rekalibrierung, der mit $MSE_{dyn} = 0.066$ berechnet wurde, doch kann dies nicht für alle Anwendungsfälle verallgemeinert werden. Man erkennt, dass sich der MSE bei einer geringen Zahl an Sensoren durch die Rekalibrierung auch erhöhen kann, wie bei $\sigma_r = 1.0$ mit $MSE_{dyn,rek} = 0.0668$ der Fall ist, was man eigentlich vermeiden wollte. Sinnvoll ist der Zusatz der Rekalibrierdynamik deshalb erst bei einer größeren Zahl an Sensoreingängen.

Die Untersuchung der Fusionsgüte bei 5 Sensoren für 100 Testbeispiele ergibt, dass der Fehler beim arithmetischen Mittelwert mit $MSE_{mean} = 0.2189$ deutlich größer ist als bei der Fusion durch das dynamische System, welches zu einem Fehler von $MSE_{dyn} = 0.0667$ führte. Dies wird anhand Tabelle 5.3 verdeutlicht, in der einige statistische Zahlen aufgeführt sind.

MSE	Minimum	Maximum	Mittelwert	Standardabweichung
arithm. Mittelung	0.0160	1.2688	0.2189	0.2261
Fusionsmittel	0.0032	0.3604	0.0667	0.0645
Fusion mit Rekal.	0.0057	0.3725	0.0661	0.0730

Tabelle 5.3: Fehlerwerte der Fusion von fünf verrauschten Zeitreihen im Vergleich bei Mittelung und Fusion mit und ohne Rekalibrierung von 100 Simulationen.

Damit ist das hier vorgestellte dynamische System einer Mittelung weit überlegen. Nutzt man zusätzlich die Rekalibrierung der Sensordaten, so kann der Fehler noch etwas reduziert werden. Im Einzelfall wurde das bereits in Abbildung 5.6 untersucht. Sogar

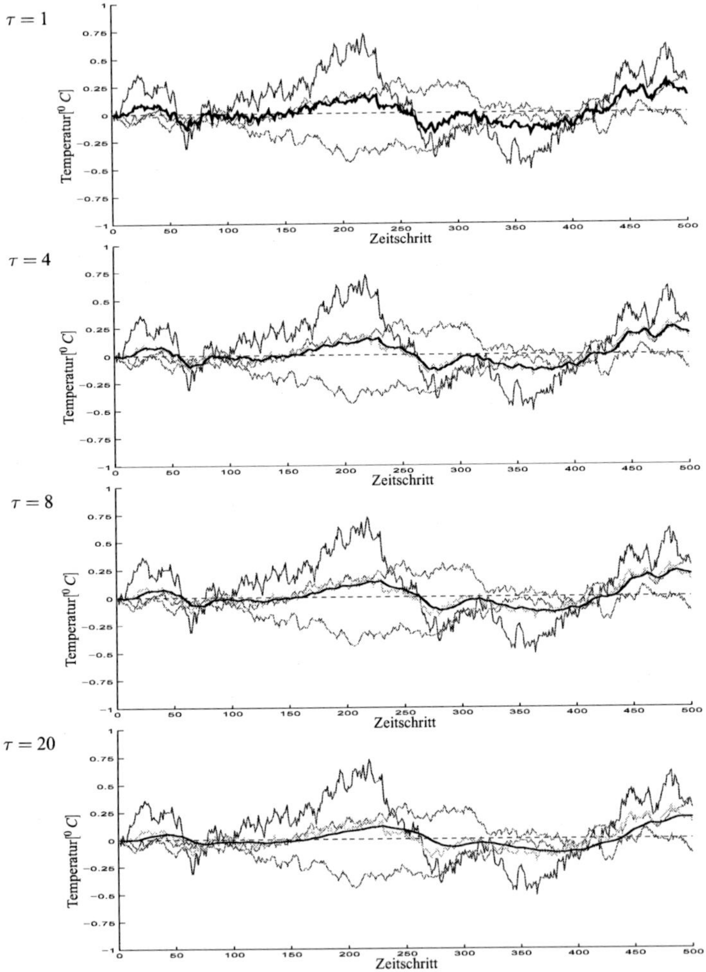

Abbildung 5.5: Fusionsergebnisse bei Variation der Zeitskala τ. Die dicke schwarze Kurve zeigt das Ergebnis der Fusion durch die Dynamik, wogegen die helle dicke Kurve das Mittelungsergebnis darstellt. Man erkennt deutlich den Einfluss dieses Parameters: Je größer τ wird, desto mehr glättet sich die fusionierte Kurve und desto weniger folgt sie den Änderungen in den Sensordaten.

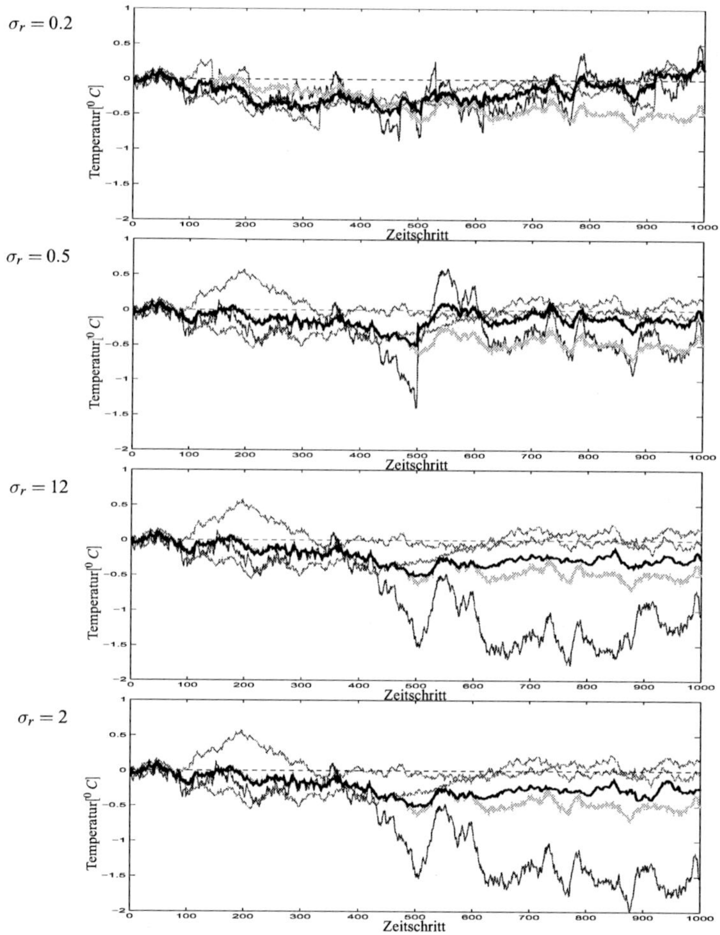

Abbildung 5.6: Fusion dreier verrauschter, aber durch die Dynamik nach Gleichung 4.20 rekalibrierter Zeitreihen unter Variation der Rekalibrierbandbreite σ_r. Die einzelnen Grafiken entsprechen einer kontinuierlichen Rekalibration der Daten (oben) bis zur Fusion ohne Rekalibration (unten). Die dicke schwarze Linie gibt jeweils das Fusionsergebnis der Dynamik an, während die hellere dicke Linie das Ergebnis der Mittelung darstellt.

im Durchschnitt der 100 Simulationsbeispiele liegt der Fehler mit $MSE_{dyn,rek}0.0661$ bei einer Rekalibrierbandbreite von $\sigma_r = 0.5$ noch etwas niedriger als bei der Fusion ohne Rekalibrierung.

Am Ende dieses Unterkapitels soll auf die Bedeutung der Rekalibriermethode eingegangen werden: Nur wenn es physikalisch begründet ist, sollte man eine Rekalibrierung bestimmter Sensorwerte zulassen, z. B. wegen bekannter Sensorfehler oder falscher Kalibrierungen. Andernfalls sollte man darauf verzichten, da das dynamische System auch ohne sie eine aufgabenbezogene Fusion unterschiedlicher Sensordaten leisten kann und gute Ergebnisse erzielt. Wenn aber einzelne Sensordaten zu sehr wegdriften, so dass sie durch das System als Ausreißer beurteilt werden (vgl. Kap. 4.1.3) und demnach keinen Anteil an der Bestimmung der wahren Sensorwerte besitzen, sollte die Rekalibrierdynamik zugeschaltet werden. Erst auf Grund der Bewertung der Sensorwerte anhand der Rekalibrierbandbreite des Systems und erfolgter Offsetberichtigung steht ein Sensor wieder für die Fusion zur Verfügung und liefert somit einen Beitrag zum Fusionsergebnis. Der größte Vorteil einer Rekalibrierung ist daher, dass das dynamische System bei Vorgabe der Rekalibrierbandbreite σ_r auf Grund von Vorwissen selbsttätig „entscheidet", wann ein Sensor rekalibriert werden muss.

5.1.2 Fusionsergebnisse von Öldickenmessungen

Die Simulationen im Zweidimensionalen dienen der Nachbildung der realen Öldicken– oder Helligkeitstemperaturmessungen. Mit Hilfe überlagerter Gaußfunktionen unterschiedlicher Breite und Maxima wurden diese Temperaturprofile simuliert. Eine solche Öldickenverteilung zeigt Abbildung 5.7 oben. Durch die Faltung der so entstandenen Bilder mit drei unterschiedlich breiten Gaußfunktionen, die eine Messung des Profils mit drei Antennen verschiedener Frequenzbereiche und mit eigenen Charakteristika simulieren, ergeben sich unterschiedlich stark geglättete Abbildungen der Originaldickenverteilung. Dies entspricht mathematisch einer Tiefpassfilterung, da auf diese Weise hohe Raumfrequenzanteile verlorengehen. Je breiter die Antennencharakteristik gewählt wird, d. h. je größer die Varianz der Gaußfunktion ist, desto glatter wird die Ölverteilung.

Da keine reale Messung störungsfrei ist, werden Störungen gemäß der Aufzählung in Kapitel 2.3.1 bei der Simulation der Öldickenmessungen berücksichtigt. Sie können im Simulationsprogramm einzeln ausgewählt und eingestellt werden. Eine Simulation der unterschiedlichen Störungsarten erfolgt nach Kapitel 2.3.2. Grundsätzlich werden folgende Störanteile zu den simulierten Antennenmessungen der vorgegebenen Öldickenverteilung addiert: Zunächst wird weißes Rauschen von bis zu 20% der maximalen Amplitude der Ölverteilung hinzugefügt. Dann kann die Anzahl der Ausreißer und Spikes durch einen anzugebenden Prozentsatz des Gesamtpixelbereiches und deren maximale Amplitude relativ zu den ursprünglichen Maxima in Prozent eingestellt werden. Eine

Begrenzung des Wertebereiches ist durch die Einführung einer Sättigungsgrenze möglich.

Zur Beurteilung der Störungen werden wiederum statistische Größen herangezogen, wie z. B. der mittlere quadratische Fehler (MSE):

$$MSE = \frac{1}{N} \sum_{\forall x,y} (m_{\text{out}} - m_{\text{in}})^2 , \tag{5.2}$$

wobei m_{in} die simulierte Eingangstemperaturverteilung, m_{out} die Ausgangstemperaturverteilung der durch Mittelung oder die Dynamik fusionierten Eingangsverteilung und N die Anzahl der Messpunkte im x,y–Gebiet bezeichnen. Daneben wird ein Volumenfehlermaß eingeführt, welches die statistische Verteilung der Einzelwerte unberücksichtigt lässt und nur ein integrales Fehlermaß darstellt:

$$\varepsilon_V = \frac{\tilde{V}_{\text{out}} - V_{\text{in}}}{V_{\text{in}}} . \tag{5.3}$$

V_{in} gibt das Volumen der simulierten Originalverteilung an und mit $\tilde{V}_{\text{out}}$ ist entweder das Volumen der simulierten Sensordaten oder das ermittelte Volumen nach der Mittelung bzw. Fusion gemeint. Dazu werden sie entsprechend indiziert. In dieser Gleichung werden die Volumina für den diskreten Fall wie folgt bestimmt:

$$V = \sum_{\forall x} \sum_{\forall y} m(x,y) . \tag{5.4}$$

Hierbei können sich jedoch die positiven und negativen Anteile mitteln. Dennoch wird ε_V als qualitatives Maß für die Beurteilung der realen Helligkeitsmessungen benötigt. Der MSE stellt das strengere der beiden Qualitätskriterien dar.

Ein Beispiel simulierter Öldickenverteilungen gibt Abbildung 5.7. In Analogie zu den später vorgestellten realen Messdaten repräsentieren die Bildpixel jeweils einen Messpunkt. Die Bildgröße (x,y) ist deshalb auf $136 \cdot 200$ Pixel festgelegt. Das obere Bild zeigt die simulierte Dickenverteilung, die als Ausgang aller folgender Untersuchungen dient. Fünf unterschiedliche Gaußverteilungen wurden dazu überlagert. Nach der Faltung mit drei verschiedenen Antennencharakteristika mit jeweiligem Radius $r_A = [2, 5, 10]$ und der Addition von 10% weißem Rauschen ergeben sich die entsprechenden Bilder dreier simulierter Messungen.

Zur Fusion dieser Sensordaten wurde wie zuvor bei den eindimensionalen Daten in Kapitel 5.1.1 der Algorithmus benutzt, der auf Gleichung 4.3 basiert. Weil der Algorithmus jedoch keine zweidimensionalen Daten verarbeiten kann, werden diese in eindimensionale umgewandelt, indem die einzelnen Messzeilen gemäß der Scantrajektorie aus Abbildung 2.14 in Kapitel 2.5.3 hintereinander gesetzt werden.

Das Volumen der simulierten Sensordaten beträgt nach Gleichung 5.4 bei der Bildgröße von $136 \cdot 200$ Pixeln $V_{\text{in}} = 493,877$. Das absolute Maximum beträgt $\max(m_{\text{ori}}) = 140.14$, was einer real gemessenen Helligkeitstemperaturzunahme gemäß Kapitel 2.5 entspricht. Die Volumina der simulierten Messungen mit drei Sensoren und die sich ergebenden Volumina nach der Mittelung der Sensordaten und nach der Fusion mit Hilfe des dynamischen Systems sind neben ihren Maxima in Tabelle 5.4 aufgeführt. Dabei sind die hohen Volumina der simulierten Sensormessungen besonders auffällig. Diese sind dadurch zu erklären, dass auf Grund der Volumenberechnung nach Gleichung 5.4 alle addierten Störungen zur Erhöhung des Volumens beitragen. Daher dient das Volumen mehr einem qualitativen Gütekriterium als einem quantitativen.

	Original	Sensor 1	Sensor 2	Sensor 3	Mittelung	Fusion
Volumen	493,876	786,733	742,485	650,643	726,620	714,810
Maximum	140.1	162.8	146.1	99.8	123.1	124.1

Tabelle 5.4: Vergleich der Volumina und Maxima einer simulierten Messung von drei Sensoren bei deren Fusion durch die arithmetische Mittelung und die entwickelte Dynamik (Parameter $\lambda_S = 1/3, \sigma_S = 20$ und $\tau = 1$).

Das sich ergebende Volumen liegt nach der Fusion durch das dynamische Systems bei $V_{\text{out,dyn}} = 714,810$ und damit etwas geringer als bei der Mittelung. Dies war auch Ziel der Fusion, da das Volumen der Originalverteilung deutlich geringer ist und Störungen eliminiert werden sollten. Für die Parameter wurden folgende Einstellungen gewählt: Die Einflussbereiche wurden für alle Sensoren gleich $\sigma_n = const.$ gewählt, so dass sie durch $\sigma_S = 20$ beschrieben werden. Die Attraktorstärken λ_n wurden ebenfalls zunächst mit $\lambda_S = 1/3$ als konstant angenommen. Das Maximum sollte durch die Fusion größer werden, doch liegt es nur etwas über dem der Mittelung. Der sich ergebende Fehler liegt bei $MSE_{dyn} = 95.07$. Das ist ein um etwa 10% besserer Wert als bei einer arithmetischen Mittelung der Daten. Dieser beträgt $MSE_{mean} = 105.32$. In Abbildung 5.8 sind die Ergebnisse einer Fusion durch Mittelung der Sensordaten sowie durch die Dynamik bei Parametereinstellungen von $\lambda_S = 0.4$, $\sigma_S = 20$ und $\tau = 1$ dargestellt, die im folgenden Unterkapitel noch Verwendung finden. Der mittlere quadratische Fehler vergrößert sich leicht auf $MSE_{\text{dyn}} = 96.67$. Ebenfalls vergrößern sich das Volumen auf $V_{\text{dyn}} = 716,107$ und das Maximum auf $\max(m_{\text{dyn}}) = 132.1$. Gegenüber der vorigen Einstellung von λ_S ist der Wert sogar stark angestiegen und liegt damit deutlich näher am zu erreichenden Maximalwert des Originals von $\max(m_{\text{ori}}) = 140.1$.

Untersucht man die Veränderung des MSE bei anderen Parametereinstellungen, so ergibt sich, dass er bei zunehmendem σ_S und konstantem $\lambda_S = 1/3$ bis etwa $\sigma_S = 20$ besser wird, danach jedoch wieder leicht abfällt. Dieses Verhalten ist der Tabelle 5.5 zu entnehmen.

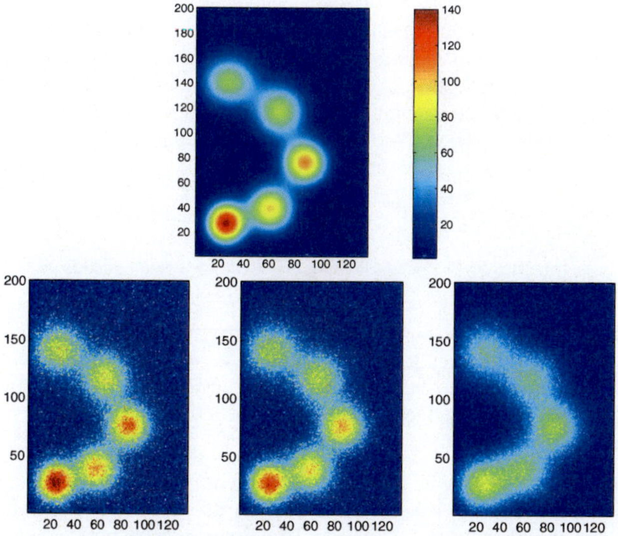

Abbildung 5.7: Simulierte Öldickenverteilung als Überlagerung von fünf Gaußfunktionen verschiedener Breiten und Maxima (oben). Jeder der $136 \cdot 200$ Bildpunkte (x, y) repräsentiert einen Messpunkt, dessen Farbwert die Dicke in 10^{-4}m kodiert. Darunter sind die simulierten Antennenmessungen mit einem Rauschanteil von 10% abgebildet (in der Reihenfolge für $r_A = [2, 5, 10]$ von links nach rechts).

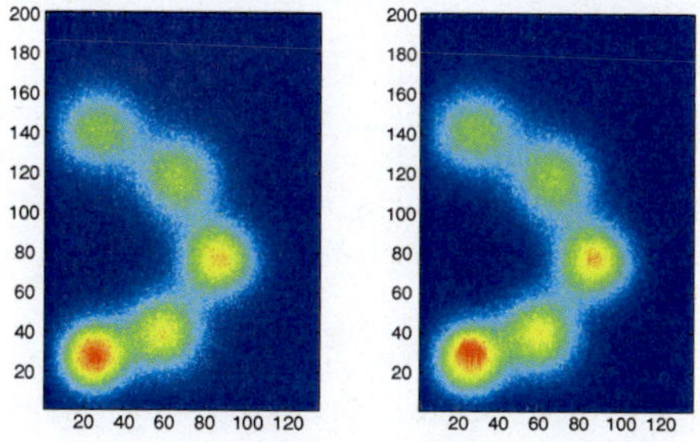

Abbildung 5.8: Ergebnisse der Mittelung (links) und der Fusion mittels Dynamik (rechts) der Simulationsdaten aus Abb. 5.7 mit $\sigma_S = 20$, $\lambda_S = 0.4$ und $\tau = 1$.

Bei einer Einstellung von $\lambda_n = [0.4, 0.3, 0.2]$ und $\sigma_S = 20$ für die drei Sensoren beträgt der $MSE = 96.1$. Damit zeigt sich, dass die Einstellungen der beiden Parameter σ_S und λ_n relativ unkritisch in einem bestimmten Bereich möglich ist, ohne den mittleren quadratischen Fehler zu hoch zu treiben. σ_S sollte jedoch relativ zum Dynamikbereich der Messwerte gewählt werden, da das Fusionsergebnis schlechter, d. h. der MSE zu hoch wird, wenn ein zu kleiner Wert dieses Parameters eingestellt wird.

σ_S	15	20	25	30
MSE	100.65	95.07	95.91	97.89

Tabelle 5.5: Fehlerentwicklung bei Variation des Parameters σ_S.

Die zusätzliche Möglichkeit, die Simulationswerte zu rekalibrieren, ergab bei der Wahl des Parameters $\sigma_r = 10$ einen leicht geringeren Fehler als ohne Rekalibrierung. Senkt man diesen Wert weiter, verringert sich auch der Fehler bis $\sigma_r = 2$, um dann bei $\sigma_r = 1$ wieder sprunghaft anzusteigen. Die Ergebnisse sind jedoch nicht so verschieden, weshalb auf eine Darstellung verzichtet wird.

Insgesamt zeigt die Anwendung des entwickelten dynamischen Systems zur Fusion zweidimensionaler simulierter Öldickenmessungen, dass den Daten überlagerte Störungen deutlich vermindert werden. Dabei sind die Ergebnisse bei unterschiedlicher Wahl der Parameter sehr ähnlich, so dass deren Einstellungen in einem relativ breiten Bereich möglich sind. Der MSE ist dabei signifikant geringer als der nach der Fusion der drei Simulationsdatensätze durch die Mittelung, was allerdings in der bildlichen Darstellung (Abb. 5.8) nicht deutlich wird. Die Dynamik würde jedoch noch bessere Ergebnisse liefern, wenn weitere Datensätze in den Fusionsprozess einbezogen würden, was in vorigem Unterkapitel gezeigt wurde.

Einbeziehung der Nachbarschaft

Wie in Kapitel 4.3.3 erläutert, kann die Nachbarschaft zur Stabilisierung des Fusionsergebnisses an einem Messpunkt im Zweidimensionalen miteinbezogen werden, was schematisch in Abbildung 5.9 gezeigt wird. Der Hintergrund ist die physikalische Annahme, dass auch die simulierten Messungen einer Ölschicht eine stetige Oberflächenverteilung ergeben.

Prinzipiell gibt es verschiedene Möglichkeiten, die Nachbarschaft miteinzubeziehen. Da die vorangegangenen Nachbarn eines Messpunktes innerhalb einer Messzeile durch die zeitliche Verarbeitung der Sensorwerte im Fusionsalgorithmus schon betrachtet werden, sind nur noch die Nachbarn verschiedener Zeilen bei der Fusion zu berücksichtigen. Nutzt man die Nachbarschaft der zuvor dargestellten Bilder in vertikaler Richtung, dann verbessert sich – wie im Folgenden gezeigt wird – das Fusionsergebnis deutlich.

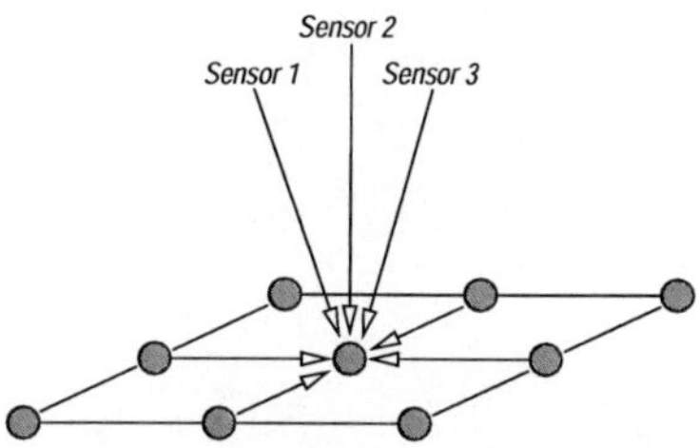

Abbildung 5.9: Einbeziehung der Nachbarschaft zur Fusion der Sensorwerte.

Eine Möglichkeit der Nachbarschaftseinbindung ist die zeitgleiche Einkopplung der jeweils um eine Messzeile vorwärts und rückwärts verschobenen Daten in die Fusionsdynamik. Diese erzeugen in der Dynamik zusätzliche Attraktoren. Da es sich bei diesen Daten aber nicht um unabhängig gewonnene weitere Sensordatensätze handelt, ist den Daten eine geringere Gewichtung zu geben. Dies erfolgt durch die Wahl geringerer λ_n–Werte. Abbildung 5.10 zeigt dazu die Oberflächenstruktur, die sich bei der Fusion der drei simulierten, in Abb. 5.7 gezeigten Messungen ergibt, wenn für jeden Sensor jeweils die beiden Vorgänger und Nachfolger der betrachteten Messzeile in den Fusionsprozess als zusätzliche Attraktoren eingehen. Die unmittelbaren Nachbarn wurden darin mit $\lambda_n = 0.1$ und die entfernteren Nachbarn mit $\lambda_n = 0.05$ gewichtet, während die drei Attraktoren der Sensormesswerte mit einer Gewichtung von $\lambda_n = 0.2$ in die Dynamik eingehen. Der dadurch erzielte Fehler liegt mit $MSE_{dyn} = 81.8$ um 15% unter dem Fusionsergebnis der drei Sensoren ohne Berücksichtigung einer Nachbarschaft und sogar um 22% unter dem Fehler von $MSE_{mean} = 105.32$ bei Mittelung der Sensoren. Das Volumen ergibt sich zu $V_{\text{out,dyn}} = 706,529$ gegenüber dem der Originalverteilung von $V_{\text{in}} = 493,877$ und verringert sich im Vergleich mit dem Volumen der Mittelung von $V_{\text{mean}} = 726,620$ deutlich.

Die zweite Möglichkeit, die Nachbarschaft jedes Messpunktes bei der Fusion zu berücksichtigen, besteht darin, in einem ersten Schritt die drei Sensorwerte zu fusionieren und anschließend in einem zweiten Schritt die Sensorwerte zusammen mit der gewonnenen Nachbarschaft aus dem zuvor erhaltenen Fusionsergebnis nochmals zu fusionieren. Dazu wurde das Ergebnis benutzt, das bereits in Abbildung 5.8 dargestellt ist. Beim zweiten Durchgang wurden alle Attraktoren mit der Gewichtung $\lambda_n = 0.2 = const.$ gewählt, da die Nachbarn bereits aus der Fusion der drei Sensorwerte gewonnen wurden und somit schon eine höhere Verlässlichkeit aufweisen. Die sonstigen Parameter für σ_S und τ wurden nicht verändert. Beim Fusionsergebnis verringert sich der Fehler von $MSE_{dyn,1} = 96.67$ nach dem ersten Fusionsschritt auf $MSE_{dyn,2} = 88.71$ und damit um weitere 8%. Das berechnete Volumen ergibt $V_{\text{out,dyn,2}} = 714,749$ nach $V_{\text{out,dyn,1}} = 716,107$ im ersten Durchlauf und verringert sich somit leicht. Eine Ver-

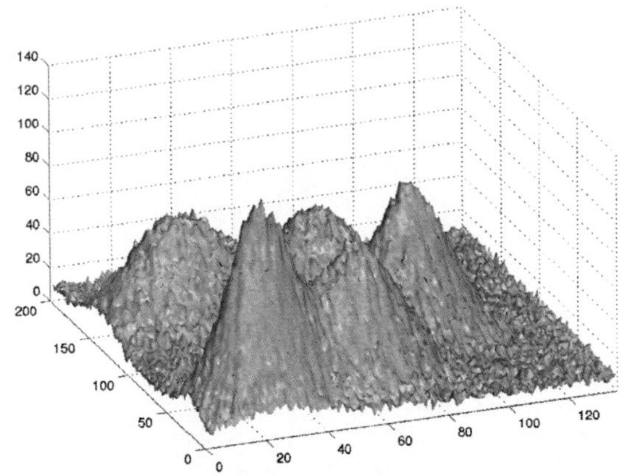

Abbildung 5.10: Ergebnis der Fusion dreier Sensordaten aus Abbildung 5.7 unter Betrachtung einer 2er Nachbarschaft in vertikaler Richtung (farblich geglättet).

besserung des Ergebnisses gegenüber der direkten Einbeziehung der Nachbarschaft im ersten Fusionsschritt konnte jedoch nicht erzielt werden, so dass die erste verwendete Möglichkeit der Topologieeinbindung dieser vorzuziehen ist.

5.2 Fusionsergebnisse realer Messungen

Die verwendeten realen Messdaten stammen aus Helligkeitsmessungen, die die Strahlung von Ölverschmutzungen auf der Meeresoberfläche mit Hilfe mehrerer flugzeuggetragener Radiometer verschiedener Frequenzen und unterschiedlicher Charakteristika aufgenommen haben. Trotz der in Kapitel 2.5.3 beschriebenen Probleme bei der Bewertung der Fusionsergebnisse dieser Messungen, werden diese im Folgenden vorgestellt und diskutiert. In Abbildung 5.11 ist ein Beispiel einer solchen Messung gegeben. Die abgebildeten Originalmessdaten hängen vom Beobachtungswinkel des jeweiligen Sensormesspunktes ab, wodurch die gemessenen Helligkeiten mit zunehmendem Schwenkwinkel der Sensoren beim Scanvorgang ansteigen. Die „Streifen" in den Bildern resultieren aus zwei verwendeten Systemen, die abwechselnd die Scanzeilen aufnehmen und unterschiedlich kalibriert sind. Daher treten beim Übergang von einer Zeile zur nächsten immer Offsetsprünge auf.

Analog zu Kapitel 5.1.2 wird das entwickelte Verfahren zur Sensorfusion auch auf diese Daten angewandt. Dabei werden die zweidimensionalen Messungen wieder als eine

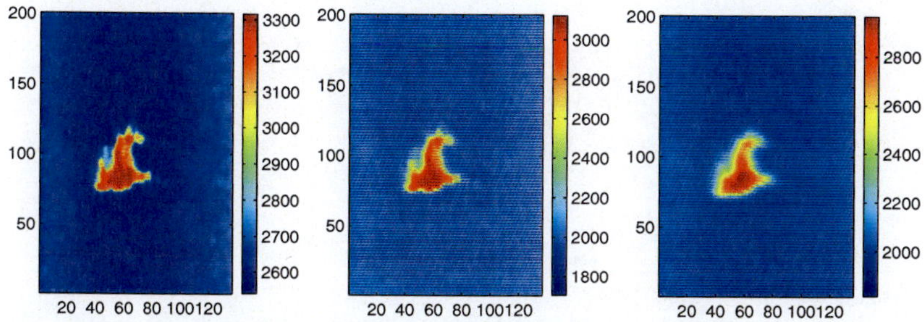

Abbildung 5.11: Reale Helligkeitsmessungen durch drei Antennen mit unterschiedlichen Charakteristika bei 89, 36.5 und 18.7 GHz (von links nach rechts). Anhand der Farbbalken sind die unterschiedlichen Messbereiche zu erkennen.

Aneinanderreihung der einzelnen Messzeilen betrachtet. Das Fusionsergebnis der Dynamik bei diesen, in keiner Weise vorverarbeiteten Sensordaten zeigt Abbildung 5.12. Die Parameter wurden ohne besondere Vorkenntnisse wie schon zuvor mit $\sigma_S = 20$, $\lambda_S = 1/3$ und $\tau = 1$ eingestellt.

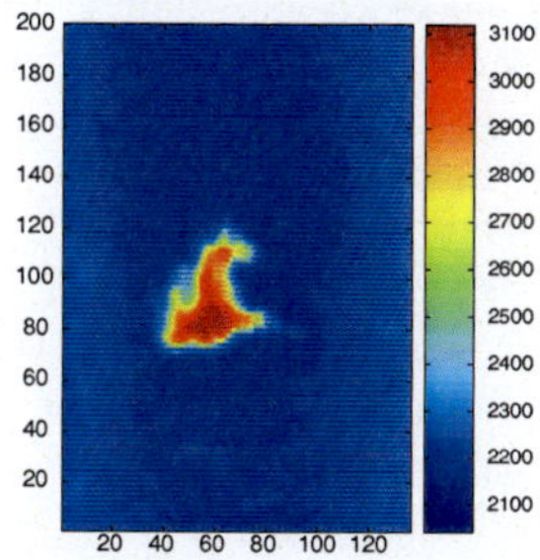

Abbildung 5.12: Fusion der Messdaten aus Abbildung 5.11 ohne Hinzunahme weiteren Wissens bei folgenden Parametereinstellungen: $\sigma_S = 20$, $\lambda_S = 1/3$ und $\tau = 1$.

Nach Gleichung 5.4 berechnet sich das Volumen zu $V_{\text{dyn}} = 59,864,789$ bei einem Maximalwert von $\max(m_{\text{dyn}}) = 3120$. Die Mittelung der Daten ergibt ein ähnliches Ergebnis, das sich nicht signifikant vom fusionierten Bild mit Hilfe der Sensorfusionsdynamik unterscheidet, weshalb auf die Darstellung verzichtet wird. Das bestimmte Volumen ergibt einen Wert $V_{\text{mean}} = 59,865,266$ und der Maximalwert beträgt ebenfalls $\max(m_{\text{mean}}) = 3120$. Damit liegt das Volumen etwas höher als bei der Fusion mit der Dynamik. Eine Zusammenfassung der Volumina sowie der Minima und Maxima im

Vergleich zu den Originalmessdaten gibt Tabelle 5.6. Die Interpretation dieses Ergebnisses gestaltet sich jedoch schwierig, da bisher keinerlei Referenzdaten zur Verfügung stehen und nicht auf einfache Weise abgeschätzt werden kann, welche Verteilung dem Original am nächsten kommt.

	Sensor 1	Sensor 2	Sensor 3	Mittelung	Fusion
Volumen	71,611,415	53,519,228	54,465,156	59,865,266	59,864,789
Minimum	2540	1705	1814	2041	2041
Maximum	3315	3121	2964	3120	3120

Tabelle 5.6: Vergleich der Volumina und Maxima der Sensordaten aller Frequenzen mit den Fusionsergebnissen durch die Dynamik und die arithmetische Mittelung.

Fusion realer Messdaten nach einer Vorverarbeitung

Auf Grund der aufgezeigten Probleme der Messdatenanalyse und dem Wissen über die Entstehung der Daten können die Sensordaten in geeigneter Weise vorverarbeitet werden. Diese Vorverarbeitungsstufe besteht einerseits in der Eliminierung des Offsets bei gleichzeitiger Beseitigung der zuvor erwähnten Scanwinkelabhängigkeit der Messzeilen und andererseits im Ausgleich des Schielfehlers der Antennen, auf den an dieser Stelle nicht näher eingegangen werden soll. Dazu sei auf Grüner [1996] verwiesen. Die Messzeilen ohne Ölverschmutzungen werden durch Polynome 4. Grades approximiert und deren Mittel von allen Messzeilen subtrahiert. Damit werden die Daten von dieser Abhängigkeit und auch implizit von den großen Offsets befreit. Das Ergebnis dieses Vorverarbeitungsschrittes ist in Abbildung 5.13 zu sehen, wobei alle Sensordaten farblich auf denselben Dynamikbereich (des Sensors bei 36.5 GHz) skaliert sind.

Fusioniert man diese vorverarbeiteten Sensordaten mit Hilfe der Dynamik, dann ergibt sich folgendes Ergebnis in Abbildung 5.14, wenn man in Analogie zu den Simulationen des Kapitels 5.1.2 eine Nachbarschaft von zwei weiteren Messpunkten in Flugrichtung je Sensor miteinbezieht. Die Gewichtung der Parameter λ_n wird analog zu Abb. 5.10 gewählt, ebenso wie σ_n und τ.

Zum besseren Vergleich sind Volumen und Maximum der Ergebnisse denen der Sensordaten in Tabelle 5.7 gegenübergestellt. Dabei fällt auf, dass sowohl das Volumen als auch das Maximum bei der Fusion der Dynamik gegenüber der Mittelung geringer ausfallen.

Ein interessantes Ergebnis zeigt die Differenz zwischen der Fusion durch die Dynamik und der Mittelung in Abbildung 5.15. In Relation zum Wertebereich der Daten sind die Differenzen fast vernachlässigbar klein, denn mit einer maximalen Abweichung von etwa 0.15 liegen sie um etwa den Faktor 7500 niedriger als der Maximalwert von 1120. Als Ursache für die positiven Werte auf der linken Seite des Ölfleckes und die negativen

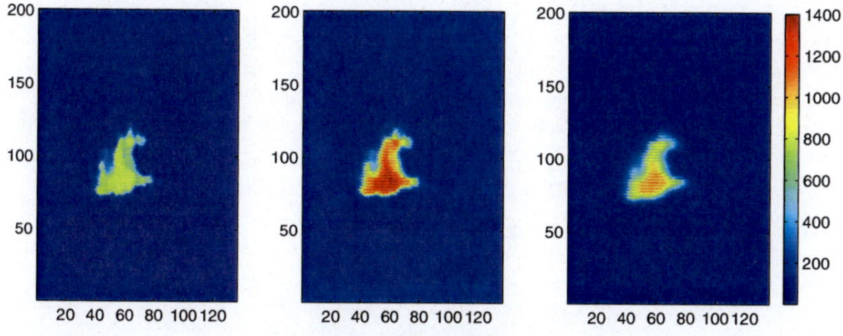

Abbildung 5.13: Vorverarbeitete Sensordaten aus Abbildung 5.11 mit dem Ausgleich der Abhängigkeit der Messwerte vom Einfallswinkel und nach der Elimination der Offsets (von links nach rechts bei 89.0, 36.5 und 18.7 GHz).

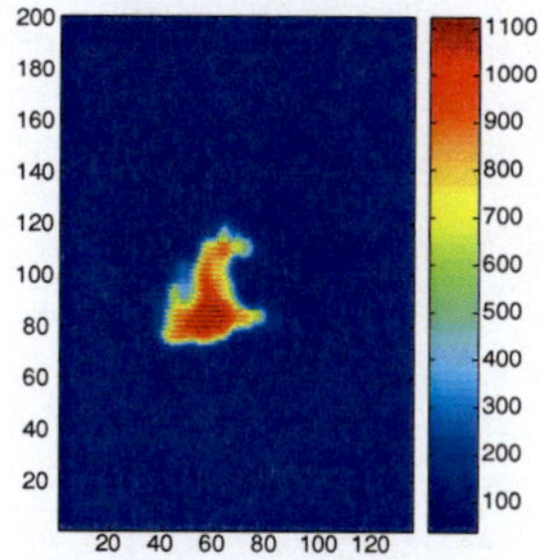

Abbildung 5.14: Fusion der vorverarbeiteten Sensordaten aus Abbildung 5.13 unter Einbeziehung einer Zweiernachbarschaft je Sensor.

	Sensor 1	Sensor 2	Sensor 3	Mittelung	Fusion
Volumen	2,830,372	4,054,300	2,614,125	3,166,266	3,162,976
Maximum	826.3	1408.2	1136.9	1122.8	1116.9

Tabelle 5.7: Vergleich der Volumina und Maxima der vorverarbeiteten Sensordaten aller Frequenzen mit den Fusionsergebnissen durch die Dynamik und die Mittelung unter Einbeziehung der Nachbarschaft.

auf der rechten Seite ist die Art der Hintereinanderkopplung der Messzeilen auszumachen. Werden sie anders herum zusammengefügt, also entgegen der Scantrajektorie gekoppelt, dann ergibt sich eine reziproke Abbildung. Dieser kleine Unterschied ist demnach auf die Sprünge beim Zeilenwechsel und die Verarbeitungsrichtung der Dynamik zurückzuführen, da auch hier Differenzen benachbarter Messwerte bei der Iteration des dynamischen Systems benutzt werden.

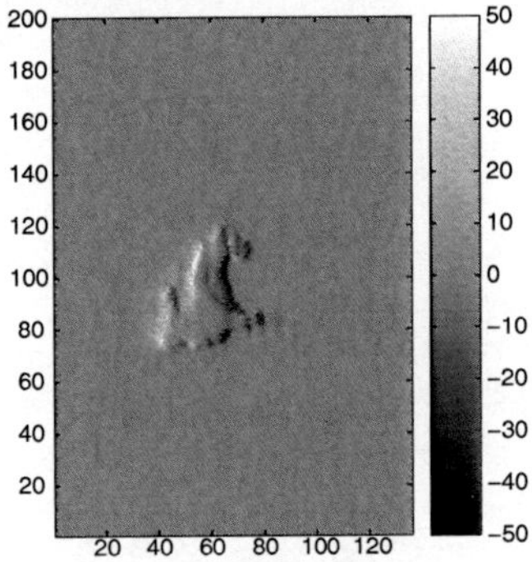

Abbildung 5.15: Differenzbild der Fusionsergebnisse durch die Dynamik und die Mittelung der Sensordaten.

Insgesamt muss man festhalten, dass die Fusionsergebnisse der realen Messdaten quantitativ nicht beurteilt werden können. Dazu müsste mehr Wissen vorhanden sein, wie zum Beispiel ein gesichertes Modell zur Interpretation der gemessenen Helligkeiten im jeweiligen Frequenzbereich als Öldicken. Dieses existiert aber nicht in einer verwendbaren Form. Es hat sich jedoch herausgestellt, dass die Fusionsdaten in etwa denen einer Mittelung entsprechen. Dies verwundert nicht, da die Güte des dynamischen Systems zur Sensorfusion erst richtig bei der Fusion vieler Informationsquellen oder vieler Sensoren zur Geltung kommt, was anhand der Untersuchungen mit simulierten Daten in Kapitel 5.1 gezeigt wurde. Allerdings konnte anhand dieses Beispieles gezeigt werden, dass die Anwendung der Dynamik zur Sensorfusion auch ohne die Nutzung zusätzlichen Wissens qualitativ etwas bessere Ergebnisse erzielt als eine arithmetische Mittelung der Daten. Zusätzlich vorhandenes Wissen hätte auch dazu genutzt werden können, die Parameter besser auf diese Fusionsaufgabe einzustellen. Eine Optimierung der Parameter konnte jedoch nicht durchgeführt werden. Daher gibt dieses Beispiel genügend Ansatzpunkte für eine zukünftige Verbesserung des Fusionsergebnisses durch das dynamische System, wenn zusätzliche Sensoren und weiteres Wissen, z. B. über das Ausbreitungsverhalten von Öl und einzelne Sensorgüten eingebunden und die Schätzgüte durch die Einbeziehung der Mehrdeutigkeit bei der Interpretation der Dicken als Funktion der Helligkeiten ausgenutzt wird.

6 Zusammenfassung und Ausblick

In vielen technischen Anwendungsgebieten gilt es, eine physikalische Größe möglichst genau zu messen. Eines dieser Anwendungsgebiete ist die Umweltüberwachung. Durch die gleichzeitige Benutzung mehrerer, voneinander unabhängiger Sensoren ergeben sich sowohl redundante als auch sich ergänzende Informationen über ein zu untersuchendes Objekt oder ein Gebiet. Die gemessenen Sensordaten werden anschließend miteinander gekoppelt, um eine sicherere Schätzung der gesuchten Größe zu erhalten und die enthaltene Redundanz in Messgenauigkeit umzusetzen. Die einfachste Art der Kopplung von Daten ist die arithmetische Mittelung. Die wichtigsten Einflüsse, die eine Schätzung erschweren, stellen unterschiedliche Auflösungen der einzelnen Sensoren und sensorspezifische Störeinflüsse dar. Daher ist ein System notwendig, das die unterschiedlichen Sensordaten so fusioniert, dass die vorhandenen Informationen erhalten und überlagerte Störungen in den Daten eliminiert werden.

In dieser Arbeit wurde ein neues Verfahren zur Fusion großer Datenmengen unterschiedlicher Sensoren entwickelt. Es basiert auf einem nichtlinearen dynamischen System, das als Differentialgleichung erster Ordnung modelliert wird. Die zu ermittelnde Größe ergibt sich aus der Auswertung der Dynamik, deren Verhalten durch die additive Einkopplung von Attraktoren bestimmt wird. Ein Attraktor repräsentiert jede Art von Information, unabhängig von ihrer Herkunft. Dafür werden sowohl die Sensordaten als auch a priori Wissen oder Expertenwissen als Funktionen über eine physikalische Zustandsvariable formuliert. Jeder Attraktor wird durch zwei Parameter bestimmt: Die Attraktorstärke beschreibt den jeweiligen Einfluss eines Informationsbeitrages auf die Gesamtdynamik. Die gaußförmigen Einflussbereiche beschränken die Wirkung der Attraktoren auf lokale Nachbarschaften. Die Summe über alle Attraktoren führt zu resultierenden Attraktoren der Gesamtdynamik, wobei sich benachbarte überlappende Attraktorbereiche mitteln. Das wird als „demokratische“ Entscheidung für den Zustand interpretiert, für den die meisten Beiträge „votieren“. Die Reaktionsschnelligkeit der Dynamik wird durch deren vorgegebene Zeitskala bestimmt. Der besondere Vorteil des hier beschriebenen dynamischen Ansatzes gegenüber Fusionsansätzen durch reine Mittelung ist die Möglichkeit, Entscheidungen zu treffen. Liegt zum Beispiel der momentane Wert der Zustandsvariablen im Bereich eines einzelnen, abseits liegenden Attraktors, so wird dieser als neuer Schätzwert der physikalischen Zustandsgröße ausgewählt, selbst wenn alle weiteren Attraktoren für einen anderen Wert „plädieren“, d. h.

einen starken gemeinsamen Attraktor an anderer Stelle bilden. Durch die implizite Entscheidungsfindung zwischen sich teilweise widersprechenden Informationsbeiträgen ist dieses Fusionsverfahren, basierend auf einem nichtlinearen dynamischen System, einer arithmetischen Mittelwertbildung deutlich überlegen.

Bei mehrdimensionalen Daten kann zusätzliches Wissen über die Topologie in Form weiterer Attraktoren in die bestehende Dynamik eingebunden werden. Dieses Wissen kann sowohl physikalische Gesetzmäßigkeiten der Messung oder des beobachteten Objektes beschreiben als auch Expertenwissen darstellen. Zu diesem Zweck wurde ein Verfahren entwickelt, das ein zweidimensionales dynamisches System nutzt. Der Nachbarschaftsbereich eines betrachteten Messpunktes lässt sich darin unter Verwendung einer entsprechenden Gewichtsfunktion direkt einkoppeln.

Die Stabilität des dynamischen Systems hängt im Wesentlichen von der gewählten Zeitskala ab. Kann sich der Zustand der Dynamik schneller ändern als die Sensordaten, dann ist das System stabil. Die Konvergenz des dynamischen Systems wird für große Wertebereiche der beiden Attraktorparameter nicht gefährdet. Das Konvergenzverhalten des Gesamtsystems aber kann erstens durch die Nutzung von Wissen über die Güte bestimmter Informationen zur Einstellung der Attraktorparameter, zweitens durch eine geeignete Initialisierung der Zustandsvariablen und drittens durch den Entwurf weiterer Attraktoren zur Einbeziehung zusätzlichen Expertenwissens verbessert werden.

Die Tragfähigkeit des Verfahrens wurde anhand generierter Daten zweier Simulationsbeispiele und realer Messdaten gezeigt. Zunächst wurde das System zur Fusion eindimensionaler Temperaturmessungen genutzt, die als Rauschprozesse modelliert wurden. Große Rauschamplituden konnten durch die Dynamik deutlich verringert werden. Zusätzlich blieb das System bei einem Totalausfall eines Sensors funktionsfähig, indem es die übrigen Sensordaten fusionierte. Der zur Beurteilung der Güte des Verfahrens berechnete mittlere quadratische Fehler lag bei einer Fusion durch die Dynamik signifikant niedriger als der nach einer arithmetischen Mittelung. Damit zeigt sich das dynamische System als robustes Verfahren zur Fusion unterschiedlich verrauschter Sensormessdaten.

Bei der zweiten Beispielanwendung handelt es sich um die Simulation der Messung einer zweidimensionalen Öldickenverteilung. Diese entspricht einer Ölmessung durch ein passives Mikrowellenradiometersystem mit drei Antennen verschiedener Frequenzen. Wie schon im eindimensionalen Fall konnte der bei der Simulation addierte Rauschanteil durch das Fusionsverfahren stark vermindert werden, so dass die gewonnene Schätzung der Ölverteilung deutlich glatter wurde. Zusätzlich konnten simulierte extreme Störungen, wie z. B. Ausreißer, die zum Teil sogar korreliert waren, in allen Messdaten eliminiert werden. Die Maxima der Ölverteilungen, die durch die Faltung mit simulierten Antennencharakateristika gegenüber der ursprünglichen Dickenverteilung stark geglättet waren, konnten wieder denen der Originalverteilung angeglichen werden. Es wurde gezeigt, dass sich der mittlere quadratische Fehler der Fusion mit der Dynamik gegenüber dem der Mittelung verringerte. Eine Besonderheit der zweidimensionalen Messungen ist, dass auf Grund der Antenneneigenschaft zum Teil überlappende Messbereiche aufgenommen wurden. Berücksichtigt man dies bei der Fusion, indem zusätzlich die direkte Nachbarschaft der Messwerte als schwächere eigene Sensoreingänge in die Dynamik einkoppelt wird, so verringert sich der Fehler weiter.

Die realen Daten stammen aus flugzeuggetragenen Helligkeitsmessungen von Ölverschmutzungen auf der Nordsee. Sie wurden mittels dreier Radiometer verschiedener Auflösungen aufgenommen. Die gemessenen Daten sind denen ähnlich, die zuvor simuliert wurden. Prinzipiell handelt es sich auch um dieselben Störungsarten wie bei der Simulation, die hier jedoch nicht abgeschätzt werden konnten. Der Einsatz der Dynamik zur Fusion der Daten zeigt, dass die Güte der Dickenschätzung qualitativ gegenüber einer Mittelung verbessert werden konnte, indem das Rauschen verringert wurde. Da jedoch keine Referenzmessungen vorhanden sind, ist eine quantitative Beurteilung der erzielten Ergebnisse nicht möglich.

Das hier entwickelte System bietet über die Verbesserung der Fusionsergebnisse gegenüber herkömmlichen Verfahren hinaus die Möglichkeit, die Güte der Sensordaten während des Fusionsprozesses zu analysieren. Zeigt ein Sensor eine Drift in seinen Messwerten, so dass er sich signifikant von den anderen Sensordaten entfernt, so wird ein weiteres dynamisches System eigener Zeitskala zur Rekalibrierung dieses Sensors hinzugefügt. Ein Sensor wird dann rekalibriert, wenn sich seine Messwerte vom momentanen Zustand der Dynamik um eine anzugebende Rekalibrierbandbreite entfernen. Der zugefügten Dynamik wurde ein Hysterese–Verhalten aufgeprägt, durch das die Gesamtdynamik jederzeit stabil ist. Da das gekoppelte dynamische System auf diese Weise immer durch die jeweils langsamste Zeitskala bestimmt wird, findet das System immer einen globalen stabilen Zustand. Die Fusion der gemessenen Sensorwerte wird so lange aufrecht erhalten, bis die Rekalibrierung eines Sensors abgeschlossen ist, um anschließend auf die neu berechneten Werte umzuschalten.

Zusammenfassend lässt sich die in dieser Arbeit entwickelte Dynamik als intelligente Methode bewerten, um verschiedene Informationen als Attraktoren einer physikalischen Größe zu beschreiben und so zu fusionieren, dass zwischen gegensätzlichen Informationsbeiträgen entschieden und über sich ergänzende oder unterstützende Informationen gemittelt wird. Dadurch ist das System in der Lage, auch Mehrdeutigkeiten zu disambiguieren. Das Ergebnis wird gegenüber einer arithmetischen Mittelung – gemessen am mittleren quadratischen Fehler – immer besser, je mehr Sensorbeiträge fusioniert werden, selbst wenn diese stark fehlerbehaftet sind.

Auf Grund des hohen Potenzials für Erweiterungen werden diesem Verfahren in Zukunft weitere Anwendungsgebiete erschlossen. Dabei ist nicht nur die Fusion ähnlicher kontinuierlicher Messgrößen, sondern auch der Einsatz des Verfahrens zur Klassifikation, z. B. von Öl– oder Eisarten, vorstellbar. Dazu sind Dynamiken zu entwerfen, die Attraktoren zu bestimmten Werten einer Klasse „ziehen“.

Des Weiteren kann bei genügendem Wissen ein dynamisches System entworfen werden, welches das Änderungsverhalten eines beobachteten Objektes beschreibt. Beispielsweise kann es sich um einen Ölfleck auf der Meeresoberfläche handeln, dessen Form und Ausdehnungsrichtung sich in Abhängigkeit der Windrichtung und des Seegangs ändert. Diese Information lässt sich dann in die Sensorfusionsdynamik einbinden, um präzisere Schätzungen über eine tatsächliche Dickenverteilung zu bekommen. Ebenfalls erhöht sich die Güte der Öldickenschätzung, wenn Informationen weiterer Sensoren, wie z. B. von bildgebenden UV- und IR-Sensoren, Radar oder Laserfluorosensoren in die Fusionsdynamik eingekoppelt werden. Insbesondere die Kombination eines UV–Sensors mit den Mikrowellenradiometern erscheint vielversprechend, um zur Vorinitialisierung eine geeignete Schätzung der Öldickenverteilung zu erhalten.

Die ausgewählten Beispiele zeigen, dass sich dieses Verfahren auf umweltrelevante Problemstellungen anwenden lässt. Auf Grund des modularen Aufbaus ist es universell einsetzbar, wenn es um die Fusion vieler unterschiedlicher Sensordaten geht, da es beliebig erweiterbar ist. Damit bietet das entwickelte nichtlineare dynamische System die Möglichkeit, im Bereich der ökologischen Kontrollsysteme eingesetzt zu werden, mit denen die Umwelt hinsichtlich Feuchtigkeit, Wachstum oder Verschmutzungen überwacht wird.

Literatur

Amari, S. (1977). Dynamics of Pattern Formation in Lateral-Inhibition Type Neural Fields. *Biol. Cybernetics 27*, S. 77–87.

Arrowsmith, D. und Place, C. (1990). *An Introduction to Dynamical Systems*. Cambridge University Press. ISBN 0-521-31650-2.

Arrowsmith, D. und Place, C. (1994). *Dynamische Systeme*. Spektrum Lehrbuch. Spektrum Akademischer Verlag. ISBN 3-86025-308-5.

Bergener, T. (2000). *Eine lernfähige Architektur zur Organisation der Verhalten eines autonomen Roboters*. Dissertation, Institut für Neuroinformatik, Ruhr-Universität-Bochum.

Bergener, T., Bruckhoff, C., Dahm, P., Janßen, H., Joublin, F., Menzner, R., Steinhage, A. und von Seelen, W. (1999). Complex Behavior by means of Dynamical Systems for an Anthropomorphic Robot. *Neural Networks 12*, S. 1087–1099. Organization of Computation in Brain-like Systems.

Berlemann, U., Langlotz, F., Langlotz, U. und Nolte, L.-P. (1997). Computerassistierte Orthopädische Chirurgie (CAOS). *Der Orthopäde 26*(5), S. 463–469. Springer-Verlag.

Bicho, E. (2000). *Dynamic Approach to Behavior-Based Robotics*. Berichte aus der Robotik. Shaker Verlag. Dissertation.

Bicho, E. und Schöner, G. (1997a). The dynamic approach to autonomous robotics demonstrated on a low-level vehicle platform. In *Robotics and Autonomous Systems*, Volume 21, S. 23–35.

Bicho, E. und Schöner, G. (1997b). Target Position Estimation, Target Acquisition and Obstacle Avoidance. In *Proceedings of the IEEE International Symposium on Industrial Electronics, ISIE'97*.

Bishop, C. M. (1995). *Neural Networks for Pattern Recognition*. Oxford University Press.

Böhme, J. (1993). *Stochastische Signale*. Teubner-Verlag.

Braun, M. (1988). *Differential Equations and Their Applications* (2 Aufl.). Springer-Verlag. ISBN 3-540-09391-5.

Brooks, R. und Iyengar, S. (1998). *Multi–Sensor Fusion*. Prentice Hall. ISBN 0-13-901653-8.

Bundesministerium für Verkehr (BMV) (1998). Luftüberwachungssytem zur Erkennung von Meeresverschmutzungen. Informationsschrift des BMV, Abteilung Wasserstraßen.

Clark, J. J. und Yuille, A. L. (1990). *Data Fusion for Sensory Information Processing Systems*. Kluwer Academic Publ.

Dasarathy, B. V. (1994). *Decision Fusion*. IEEE Computer Society Press.

Devaney, R. L. (1989). *An Introduction to Chaotic Dynamical Systems* (2 Aufl.). Addison-Wesley.

Dickmanns, E. D. (1997). Vehicles Capable of Dynamic Vision. In *15th International Joint Conference on Artificial Intelligence (IJCAI)*, Nagoya, Japan, S. 1–16.

Dorigo, M. und Colombetti, M. (1998). *Robot-Shaping – An Experiment in Behavior Engineering*. Intelligent Robotics and Autonomous Agents. The MIT Press.

Drakopoulos, E. und Lee, C. (1991). Optimum Multisensor Fusion of Correlated Local Decisions. *IEEE Trans. Aerospace and Electronic Systems AES-27*(4), S. 593–605.

Drazin, P. (1994). *Nonlinear systems*. Cambridge Texts in Applied Mathematics. Cambridge University Press. ISBN 0-521-40668-4.

Driankov, D., Hellendoorn, H. und Reinfrank, M. (1993). *An Introduction to Fuzzy Control*. Springer-Verlag. ISBN 3-540-56362-8.

Evans, G. und McLeish, C. (1977). *RF Radiometer Handbook*. Artech House.

Giese, M. A. (1999). *Dynamic Nerual Field Theory for Motion Perception*. Kluwer Academic Publ. Dissertation.

Gorontzi, K. (1998). Neuronale Dynamik zur multispektralen Sensorfusion: Quantifizierung von Ölschichten auf Meeresoberflächen. Diplomarbeit, Ruhr-Universität Bochum, Fakultät für Elektrotechnik und Institut für Neuroinformatik.

Griebel, G., Grüner, K., Kahlisch, Schreiber, H. und Witte (1992). Projekt MERES: Mehrfrequenzmikrowellenradiometer zur Erkundung der Seeoberfläche. Technischer Bericht, Deutsches Zentrum für Luft– und Raumfahrt.

Grüner, K. (1996, 9.-10.6.). The Three Frequency Microwave Radiometer of a Second Generation Airborne Surveillance System for Remote Sensing of Maritime Oil Pollution. In *IEEE-Workshop 'RF and Microwave Noise'*, Germany, S. 66–69. Techn. Univ. Ilmenau.

Grüner, K. und Aumiller, B. (1982, April). Airborne Measurements with a Sensitive High–Resolution 90 GHz Radiometer. *IEE Proc. 129*(2), S. 79–84.

Grüner, K., Hengstermann, T., Wagner, P. und Wischnewsky, M. B. (1996, 24.-27.6.). Recent Results Obtained from a 2nd Generation Airborne Surveillance System for Identification of Maritime Pollution. In *2nd International Airborne Remote Sensing Conference and Exhibition*, Volume III, Ann Arbor, Michigan, USA, S. 791–802. ERIM.

Grüner, K. und Schreiber, H. (1995, Februar). Erkundung maritimer Verschmutzungen mit einem Mikrowellenradiometer. *DLR-Nachrichten 77*, S. 39–42. Beitrag der DLR zum nationalen Luftüberwachungssystem 2. Generation.

Hachenberg, O. und Vowinkel, B. (1982). *Technische Grundlagen der Radioastronomie*. Bibliographisches Institut.

Hadamard, J. (1923). Lectures on Cauchy's problem in linear partial differential equations. Yale University Press. New Haven.

Haken, H. (1970). Laser Theory. *Encyclopedia of Physics XXV/2c*. Springer-Verlag.

Hall, D. L. (1992). *Mathematical Techniques in Multisensor Data Fusion*. Artech House.

Hall, D. L. und Llinas, J. (1997, Jan). An Introduction to Multisensor Data Fusion. *Proceedings of the IEEE 85*(1), S. 6–23.

Hall, D. L. und Llinas, R. J. (1991, Apr). Survey of commercial software for multisensor data fusion. In *SPIE Conference on Sensor Fusion and Aerospace Applications*, Orlando, FL. SPIE.

Handmann, U., Kalinke, T., Tzomakas, C., Werner, M. und von Seelen, W. (2000). An Image Processing System for Driver Assistance. *Image and Vision Computing (Elsevier) 18*(5), S. 367 – 376.

Handmann, U., Lorenz, G., Schnitger, T. und v. Seelen, W. (1998). Fusion of Different Sensors and Algorithms for Segmentation. In *IV'98, IEEE International Conference on Intelligent Vehicles*, Stuttgart, Germany, S. 499 – 504. IEEE.

Haykin, S. (1994). *Neural Networks*. Macmillan College Publishing Company, Inc.

Hengstermann, T. (1996-2000). Optimare GmbH, Kutterstr. 3, D-26386 Wilhelmshaven. persönliche Kontakte.

Hengstermann, T. et al. (1996, Aug). Zwischenbericht zum Programm zur Optimierung des Luftüberwachungssystems zur "Erkennung von Meeresverschmutzungen", 2. Generation. Technischer Bericht, Bundesanstalt für Gewässerkunde (BfG).

Hengstermann, T. und Reuter, R. (1990). Lidar Fluorosensing of Mineral Oil Spills on the Sea Surface. *Applied Optics 29*, S. 3218–3227.

Hirsch, M. W. und Smale, S. (1974). *Differential Equations, Dynamical Systems, and Linear Algebra*. Academic Press.

Hollinger, J., Peirce, J. und Poe, G. (1990). SSM/I Instrument Evaluation. *IEEE Trans. on Geoscience and Remote Sensing 28*(5), S. 781–790.

Jackson, E. A. (1991). *Perspectives of nonlinear dynamics*, Volume 1. Cambridge University Press.

Jähne, B. (1995). *Digital image processing* (3. Aufl.). Springer-Verlag. ISBN 3-540-59298-9.

Janza, F. J. (1975). *Manual of Remote Sensing (editor: Robert G. Reeves)*, Volume I, Kapitel: Interaction Mechanisms, S. 75–179. American Society of Photogrammetry.

Jetschke, G. (1989). *Mathematik der Selbstorganisation: qualitative Theorie deterministischer und stochastischer dynamischer Systeme*. Vieweg-Verlag.

Jin, Y., von Seelen, W. und Sendhoff, B. (1999). On Generating FC^3 Fuzzy Rule Systems from Data Using Evolution Strategies. *IEEE Trans. Systems, Man, and Cybernetics–Part B: Cybernetics 29*(6), S. 829–845.

Kantz, H. und Schreiber, T. (1997). *Nonlinear time series analysis*, Volume 7 of *Cambridge Nonlinear Science*. Cambridge University Press.

Kay, S. M. (1993). *Fundamentals of Statistical Signal Processing*. Prentice–Hall.

Kishimoto, K. und Amari, S. (1979). Existence and stability of local excitations in homogeneous neural fields. *J. Math. Biology 7*, S. 303–318.

Klir, G. J. und Yuan, B. (1995). *Fuzzy Sets and Fuzzy Logic, Theory and Applications*. Prentice Hall.

Kohonen, T. (1988). *Self-Organization and Associative Memory* (2 Aufl.). Springer-Verlag.

Kohonen, T. (1997). *Self-Organizing Maps* (2 Aufl.). Springer-Verlag.

Kosko, B. (1992). *Neural Network and Fuzzy Systems – A Dynamical Systems Approach to Machine Intelligence*. Prentice Hall Int. Ed. ISBN 0-13-612334-1.

Kosko, B. (1997). *Fuzzy Engineering*. Prentice Hall Int. Ed. ISBN 0-13-353731-5.

Mallot, H. (1998). *Sehen und die Verarbeitung visueller Information*. Vieweg-Verlag.

McKendall, R. und Mintz, M. (1992). Data Fusion Techniques using Robust Statistics. In Abidi und Gonzales (Hrsg.), *Data Fusion in Robotics and Maschine Intelligence*, S. 211–244. Boston: Academic Press.

Meier, C. (1998). *Datenfusionsverfahren für die automatische Erfassung des Rollverkehrs auf Flughäfen*. Dissertation, Techn. Universität Braunschweig, Institut für Flugführung, Deutsches Zentrum für Luft- und Raumfahrt, Braunschweig.

Menzel, P. und D'Auisio, F. (1999). *Evolution of a new species Robo sapiens*. The MIT Press.

Menzner, R. (2000). *A Unified Architecture for Speech-Controlled Robot Behavior Based on Nonlinear Dynamics*. Dissertation, Institut für Neuroinformatik, Ruhr-Universität Bochum.

Menzner, R., Steinhage, A. und Erlhagen, W. (2000). Generation Interactive Robot Behavior: A Mathematical Approach. In J.A. Meyer, A. Berthoz, D. Floreano, H. Roitblat and S.W. Wilson (Hrsg.), *From Animals to Animats 6: Proceedings of the Sixth International Conference on Simulation of Adaptive Behavior*, S. 135–144. The MIT Press/ Bradford Books.

Moore, R. K. (1975). *Manual of Remote Sensing (editor: Robert G. Reeves)*, Volume I, Kapitel: Microwave Remote Sensors, S. 399–537. American Society of Photogrammetry.

Morpha (1999). Intelligente anthropomorphe Assistenzsysteme. http://www.morpha.de. Leitprojekt des bmbf zum Thema Mensch-Maschine-Interaktion.

Nass, D. (1997). Wahrnehmung und Sensorfusion für einen mobilen Roboter. Diplomarbeit, Institut für Neuroinformatik, Ruhr-Universität Bochum. Diplomarbeit Elektrotechnik.

Nyquist, H. (1928). Thermal Agitation of Electric Charge in Conductors. *Phys. Rev. 32*, S. 110–113.

Perko, L. (1991). *Differential Equations and Dynamical Systems*. Texts in Applied Mathematics (TAM 7). Springer-Verlag. ISBN 3-540-97443-1.

Reuter, R., Diebel, D. und Hengstermann, T. (1993). Oceanographic laser remote sensing: measurement of hydrographic fronts in the German Bight and in the Northern Adriatic Sea. *Int. Journal of Remote Sensing 14*(5), S. 823–848.

Ritter, H., Martinetz, T. und Schulten, K. (1991). *Neuronale Netze: Eine Einführung in die Neuroinformatik selbstorganisierter Netzwerke* (2 Aufl.). Addison–Wesley. ISBN 3-89319-131-3.

Rojas, R. (1996). *Neural Networks – A Systematic Introduction*. Springer-Verlag.

Schanda, E. (Hrsg.) (1976). *Remote Sensing for Environmental Sciences*. Ecological Studies 18. Springer-Verlag.

Schanda, E. (1986). *Physical Fundamentals of Remote Sensing*. Springer-Verlag.

Schiek, B. und Siweris, H.-J. (1990). *Rauschen in Hochfrequenzschaltungen*. EL-TEX. Hüthig-Verlag.

Schlittgen, R. und Streitberg, B. (1994). *Zeitreihenanalyse* (5. Aufl.). R. Oldenbourg Verlag. ISBN 3-486-22527-8.

Schnabel, W. und Lohse, D. (1997). *Grundlagen der Straßenverkehrstechnik und der Verkehrsplanung*, Volume 1. Verlag für das Bauwesen.

Schöner, G. (1991). Dynamic theory of action-perception patterns: the „moving room“ paradigm. *Biol. Cybernetics 64*, S. 455–462.

Schöner, G. und Dose, M. (1992). A dynamical system approach to task-level system integration used to plan and control atounomous vehicle motion. *Robotics and Autonomous Systems 10*, S. 253–267.

Schöner, G., Dose, M. und Engels, C. (1995). Dynamics of behaviour: theory and applications for autonomous robot architectures. *Robotics and Autonomous Systems 16*, S. 213–245.

Schöner, G. und Kelso, J. (1988, March). Dynamic Pattern Generation in Behavioral and Neural Systems. *Science 239*, S. 1513–1520.

Shannon, C. (1948). The mathematical theory of communication. *Bell System Technical Journal 27*, S. 379–423,623–656.

Shettleworth, S. J. (1998). *Cognition, Evolution, and Behavior.* Oxford University Press. ISBN 0-19-511-48-X.

Steinhage, A. (1998). *Dynamical Systems for the Generation of Navigation Behavior.* Berichte aus der Physik. Shaker Verlag. Dissertation.

Steinhage, A. und Schöner, G. (1997). Self-calibration based on invariant view recognition: Dynamic approach to navigation. *Robotics and Autonomous Systems 20*, S. 133–156.

Steinhage, A. und Schöner, G. (1998). Dynamical Systems for the Behavioral Organization of Autonomous Robot Navigation. In P. S. Schenker und G. McKee (Hrsg.), *Proceedings of the SPIE Conference on Intelligent Systems and Advanced Manufacturing, Symposium on Sensor Fusion and Decentralized Control in Robotic Systems*, Volume 3523, Boston, S. 160–180. SPIE-publishing.

Steinhage, A. und Winkel, C. (2000, Juli). A Robust Self-Calibrating Data Fusion Architecture. In *Proceedings of the IEEE International Geoscience and Remote Sensing Symposium, IGARSS*, Volume III, S. 963–965. IEEE publications. ISBN 0-7803-6359-0.

Steinhage, A., Winkel, C. und Gorontzi, K. (1999). Attractor Dynamics to Fuse Strongly Perturbed Sensor Data. In T. Stein (Hrsg.), *Proceedings of the IEEE International Geoscience and Remote Sensing Symposium, IGARSS*, Volume II, S. 1217–1219. IEEE publications. ISBN 0-7803-5207-6.

The MathWorks Inc. (1998). *Fuzzy Logic Toolbox User's Guide* (2 Aufl.). The MathWorks Inc. URL http://www.mathworks.com.

Tietze, U. und Schenk, C. (1991). *Halbleiter–Schaltungstechnik* (9. Aufl.). Springer-Verlag. ISBN 3-540-19475-4.

Tikhonov, A. und Arsenin, V. (1977). *Solutions of Ill-Posed Problems*. Scripta Technica Washington. V.H. Winston&Sons.

Ulaby, F., Moore, R. und Fung, A. (1981). *Microwave Remote Sensing*, Volume I–III. Addison–Wesley.

Unbehauen, H. (1989). *Regelungstechnik II - Zustandsregelungen, digitale und nichtlineare Regelsysteme* (5 Aufl.). Vieweg-Verlag. ISBN 3-528-43348-5.

Unbehauen, R. (1990). *Systemtheorie – Grundlagen für Ingenieure* (5. Aufl.). R.Oldenbourg Verlag. ISBN 3-486-21513-2.

Varshney, P. (Hrsg.) (1997, Jan). *Special Issue on Data Fusion*, Volume 85 (1) of *Proceedings of the IEEE*. IEEE publications.

Vorbeck, F., Cartellieri, M., Ehrenberger, K. und Imhof, H. (2000). Intraoperative Navigation in der Nasennebenhöhlenchirurgie mit dem Philips „Neuroguide"-System. *Der Radiologe 40*(3), S. 227–232. Springer-Verlag.

Vowinkel, B. (1988). *Passive Mikrowellenradiometrie*. Braunschweig: Vieweg-Verlag.

Vowinkel, B., Grüner, K. und Reinert, W. (1983, Dec). Cryogenic All Solid–State Millimeter–Wave Receivers for Airborne Radiometry. *IEEE Trans. on Microwave Theory and Techniques 31*(12), S. 996–1001.

Wagner, P., Hengstermann, T. und Zielinski, O. (2000, Juli). MEDUSA - an airborne multispectral oil spill detection and characterization system. In *Proceedings of the SPIE*, Proceedings, San Diego, S. 111–118. SPIE: SPIE.

Waltz, E. L. und Llinas, J. (1991). *Sensor Fusion*. Noorwood, MA: Artech House.

Wiggins, S. S. (1990). *Introduction to Applied Nonlinear Dynamical Systems and Chaos*. Texts in Applied Mathematics (TAM 2). Springer-Verlag. ISBN 3-540-97003-7.

Wilson, H. und Cowan, J. (1973). A mathematical theory of the functional dynamics of cortical and thalamic nervous tissue. *Kybernetik 13*, S. 55–80.

Winkel, C. (1993). Untersuchungen zur Rekonstruktion der räumlichen Verteilung von Strahlungstemperaturen im Mikrowellenbereich mit Hilfe der Maximum-Entropie-Methode. Diplomarbeit, Institut für Hochfrequenztechnik, Ruhr-Universität Bochum.

Index